Maurice Bliesener

Optimierung der Betriebsführung mobiler Arbeitsmaschinen
Ansatz für ein Gesamtmaschinenmanagement

Karlsruher Schriftenreihe Fahrzeugsystemtechnik
Band 3

Herausgeber
FAST Institut für Fahrzeugsystemtechnik
    Prof. Dr. rer. nat. Frank Gauterin
    Prof. Dr.-Ing. Marcus Geimer
    Prof. Dr.-Ing. Peter Gratzfeld
    Prof. Dr.-Ing. Frank Henning

Das Institut für Fahrzeugsystemtechnik besteht aus den eigen-
ständigen Lehrstühlen für Bahnsystemtechnik, Fahrzeugtechnik,
Leichtbautechnologie und Mobile Arbeitsmaschinen

Eine Übersicht über alle bisher in dieser Schriftenreihe erschienenen
Bände finden Sie am Ende des Buchs.

Optimierung der Betriebsführung mobiler Arbeitsmaschinen

Ansatz für ein Gesamtmaschinenmanagement

von
Maurice Bliesener

Dissertation, Karlsruher Institut für Technologie
Fakultät für Maschinenbau
Referenten: Prof. Dr.-Ing. Marcus Geimer
             Prof. Dr.-Ing. Ulrich Spicher
Tag der mündlichen Prüfung: 11.10.2010

Impressum

Karlsruher Institut für Technologie (KIT)
KIT Scientific Publishing
Straße am Forum 2
D-76131 Karlsruhe
www.ksp.kit.edu

KIT – Universität des Landes Baden-Württemberg und nationales
Forschungszentrum in der Helmholtz-Gemeinschaft

KIT Scientific Publishing 2011
Print on Demand

ISSN 1869-6058
ISBN 978-3-86644-536-9

Vorwort des Herausgebers

Eine zunehmende Elektrifizierung von Steuerungen in Fahrzeugen ermöglicht neue Funktionen und kann den Bediener einer Maschine von Routinetätigkeiten entlasten. Gleichzeitig steigt jedoch auch der Komplexitätsgrad zur Beherrschung der Steuerungssysteme an. Eine Vernetzung unterschiedlicher Steuerungssysteme ist notwendig, um Informationen auszutauschen und eine Optimierung eines Fahrzeugs zu ermöglichen. Das Gesamtmaschinenmanagement besitzt damit Freiheitsgrade, an deren Nutzung mit dem Ziel geforscht wird, neue Fahrzeugkonzepte mit den Eigenschaften Energieeffizienz, Sicherheit, Benutzerfreundlichkeit und Kosten zu entwickeln.

Hierzu will die Karlsruher Schriftenreihe Fahrzeugsystemtechnik einen Beitrag leisten. Für die Fahrzeuggattungen Pkw, Nfz, mobile Arbeitsmaschinen und Bahnfahrzeuge werden Forschungsarbeiten vorgestellt, die Fahrzeugtechnik auf vier Ebenen beleuchten: das Fahrzeug als komplexes mechatronisches System, die Fahrer-Fahrzeug-Interaktion, das Fahrzeug im Verkehr und Infrastruktur sowie das Fahrzeug in Gesellschaft und Umwelt.

Band 3 zeigt zunächst die Ergebnisse eines dynamischen Verbrennungsmotormodells, das für Maschinen- und Antriebssimulationen entwickelt wurde. Es wird am Beispiel eines Traktorantriebsstrangs gezeigt, dass der dynamische Kraftstoffverbrauch eines Verbrennungsmotors von dem Verbrauch in stationären Punkten abweicht.
Im zweiten Teil der Arbeit wird eine Methode zur Optimierung des Kraftstoffverbrauchs unter Berücksichtigung transienter Vorgänge entwickelt. Dabei wird sich bekannter Methoden aus der Finanzmathematik der Wirtschaftswissenschaften, des Amortisationsdauerkriteriums und des Kapitalwertkriteriums, bedient. Es wird gezeigt, dass diese Methoden geeignet sind, den Kraftstoffverbrauch eines Fahrzeugs zu minimieren.

Karlsruhe,
im Oktober 2010

Prof. Dr.-Ing. Marcus Geimer
Karlsruher Institut für Technologie

Optimierung der Betriebsführung mobiler Arbeitsmaschinen
Ansatz für ein Gesamtmaschinenmanagement

Zur Erlangung des akademischen Grades
Doktor der Ingenieurwissenschaften
der Fakultät für Maschinenbau
Universität Karlsruhe (TH)

genehmigte
Dissertation
von

Dipl. Wi.-Ing. Maurice Bliesener
aus Lohr am Main

Tag der mündlichen Prüfung: 11. Oktober 2010

Hauptreferent: Prof. Dr.-Ing. Marcus Geimer
Korreferent: Prof. Dr.-Ing. Ulrich Spicher

Kurzfassung

Hersteller von mobilen Arbeitsmaschinen wie Baggern, Traktoren, Gabelstaplern oder Universalgeräteträgern beweisen eine große Kreativität, wenn es darum geht, die Effizienz ihrer Fahrzeuge zu steigern. Innovative Technologien wie diesel-elektrische Hybridisierung und hydrostatische Rekuperation beim Nutzsenken des Arbeitsgeräts gehören mittlerweile zum Stand der Technik und werden von prototypischen Anwendungen bis hin zur Serienreife entwickelt. Parallel zu diesen konzeptionellen Neuerungen wird eine anwendungsorientierte Betriebsführung als Schlüsselfaktor zur weiteren Erhöhung des Gesamtwirkungsgrades der Maschine erkannt.

In der vorliegenden Arbeit wird diese Idee aufgegriffen. Zunächst wird ein dynamisches Dieselmotormodell entwickelt. Es bildet die Interaktion zwischen Motorsteuergerät und Triebwerk sowie ihre Auswirkungen auf das transiente Drehzahl- und Verbrauchsverhalten des Motors ab.

Anschließend wird ein dynamischer Optimierungsansatz für die Gesamtmaschine entwickelt. Neu ist hierbei die Allgemeingültigkeit des Ansatzes, der die schrittweise Integration aller Teilsysteme wie Fahrantrieb, Lenkung, Bremse und Arbeitshydraulik ermöglicht.

Der Kern des Ansatzes besteht in der Berücksichtigung des dynamischen Komponentenverhaltens bei der Lösung der mehrstufigen Optimierungsaufgabe zur Maximierung des Wirkungsgrades und Bestimmung einer verbrauchsminimalen Betriebsführung. Mit dieser Arbeit wird eine Systematik zur Identifikation bestehender Optimierungspotenziale entwickelt und der Ansatz eines dynamischen Gesamtmaschinenmanagements exemplarisch unter Einbeziehung des transienten Betriebsverhaltens des Dieselmotors vorgestellt.

Abstract

The manufacturers of heavy duty machines like excavators, tractors, forklifts or flexible carrier vehicles show an enormous creativity, focussing the enhancement in the efficiency of their machines. Innovative technologies implemented in modern hybrid electrical vehicles (HEV) or the recuperation of hydrostatic energy by refilling a hydraulic accumulator when lowering the working equipment is state of the art and currently developed to production maturity. In addition to these developments the manufacturers recognize, that application specific machine guidance is a key factor for further improvements of their machines' efficiency.

That idea is followed up in this doctoral thesis. At the beginning a dynamic diesel engine model is developed and implemented. It allows the simulation of the effects on the fuel consumption and rotational speed behaviour, caused by the interaction of the engine's controller and the engine's drive.

Afterwards a methodology for deriving optimized dynamic machine guidance is developed. In contrast to other approaches, the machine is considered as one global unit. So there aren't separate assemblies that are isolated optimized on their own, rather all subsystem like the power train, the working hydraulics system, the steering and the brake can be commonly regarded and integrated in the optimization process.

The thesis shows the methodology for developing optimized machine guidance, including the transient component behaviour, when solving the dynamic optimization task. Finally the methodology is verified in a simulation environment, with the integration of the developed and validated dynamic engine model.

Vorwort

Die vorliegende Arbeit entstand während meiner Tätigkeit als wissenschaftlicher Mitarbeiter am Lehrstuhl für Mobile Arbeitsmaschinen (MOBIMA) des Karlsruher Instituts für Technologie (KIT).

Mein herzlicher Dank gilt meinem Doktorvater Prof. Dr.-Ing. Marcus Geimer, der die Arbeit wissenschaftlich betreut hat und mir mit seinem interdisziplinären theoretischen sowie praktischen Fachwissen stets zur Seite stand. Durch sein großes Interesse an der Arbeit, das sich in den zahlreichen inhaltlichen Diskussionen widerspiegelte, zeigte er mir immer wieder alternative Aspekte und Ansätze bei der Lösungsfindung neuer Problemstellungen auf. Er ließ mir während meiner 5-jährigen Tätigkeit zu jeder Zeit die nötigen Freiheiten, um ein harmonisches Nebeneinander meiner persönlichen Interessen und der obligatorischen Tätigkeiten zu schaffen.

Des Weiteren gilt mein Dank Herrn Prof. Dr.-Ing. Ulrich Spicher, Leiter des Instituts für Kolbenmaschinen (IFKM) für die Übernahme des Korreferats sowie Herrn Dr.-Ing. Sören Bernhardt für seine fachliche Unterstützung und die wertvollen Anregungen zum Thema der Motormodellbildung und -verifikation. Für die Übernahme des Prüfungsvorsitzes danke ich Frau Prof. Dr. Dr.-Ing. Jivka Ovtcharova, Leiterin des Instituts für Informationsmanagement im Ingenieurwesen (IMI).

Danken möchte ich auch allen Kollegen des eigenen Lehrstuhls, des Lehrstuhls für Bahnsystemtechnik (BST) und des Instituts für Fördertechnik und Logistiksysteme (IFL) am KIT sowie meinen interuniversitären Projektgefährten Herr Dr.-Ing. Henning Deiters, Herr Dipl.-Ing. Thomas Fleczoreck (ILF, TU Braunschweig), Herr Dipl.-Ing. Hilmar Jähne (IFD, TU Dresden) und Herr Dr.-Ing. Torsten Kohmäscher (IFAS, RWTH Aachen), die in konstruktiven Gesprächen ihre individuellen Erfahrungen in Form kollegialer Ratschläge mit mir teilten.

An dieser Stelle seien auch die Damen unseres Sekretariats erwähnt, die durch ihr herzliches Wesen und ihre große Flexibilität immer zur positiven Atmosphäre am Lehrstuhl beitragen.

Ebenfalls gilt allen meinen wissenschaftlichen Hilfskräften, speziell Herrn Dipl.-Ing. Timo Müller und Herrn cand. Ing. Zhigao Yu Anerkennung für ihre hohe Einsatzbereitschaft und die konstruktive Zusammenarbeit.

Mein besonderer Dank gilt meiner lieben Ehefrau Christina, die mich stets moralisch unterstützt und mir in besonderem Maße während der letzten Monate dieser Arbeit viel Verständnis und Geduld entgegenbrachte.

Schließlich danke ich meinen Eltern Marga und Manfred, die mir während des Studiums und meiner Tätigkeit am Lehrstuhl immer uneingeschränkt mit Rat und Tat zur Seite standen.

Karlsruhe,   Maurice Bliesener
im Oktober 2010   Karlsruher Institut für Technologie

Inhalt

Formelzeichen

Lateinische Zeichen

Zeichen	Einheit	Größe, Bedeutung
a	m/s^2	Beschleunigung
a_{Cmb}	-	Umsetzungsgrad der Verbrennung
A_{Pis}	m^2	Kolbenfläche
$A_{Pis,Wo}$	m^2	Kolbenfläche mit Omegabrennraum
A_W	m^2	Wärmeverlustwirksame Wandfläche
b_{act}	g/kWh	Spezifischer aktueller Dieselverbrauch
b_e	g/kWh	Spezifischer Kraftstoffverbrauch
c_{CS}	Nm/°	Drehsteifigkeit Kurbelwelle
$\bar{c}^*$	-	Optimale Teilsteuerfolge
$\bar{c}$	-	Steuervektor
c_m	m/s	Mittlere Kolbengeschwindigkeit
c_u	m/s	Einlassgeschwindigkeit
c_v	J/K	Spezifische volumetrische Wärmekapazität
C^*	-	Optimale Steuerfolge aller Komponenten
C_1	-	Koeffizient 1 der WOSCHNI-Gleichung
C_2	m/sK	Koeffizient 2 der WOSCHNI-Gleichung
d_{ovs}	%	Überschwingweite
d_{Pis}	m	Bohrung des Kolbens
E	- | -	Erwartungswert | Entscheidungsraum
f	-	Funktion
$\bar{f}_{Eng}$	Hz	Mittlere Dieselmotorfrequenz
F_a	N	Steigungswiderstand
F_{aer}	N	Luftwiderstandskraft
F_{br}	N	Bremskraft
F_{Cmb}	N	Gaskraft
$F_{Cmb,n}$	N	Normaler Gaskraftanteil
$F_{Cmb,r}$	N	Radialer Gaskraftanteil
$F_{Cmb,t}$	N	Tangentialer Gaskraftanteil

F_{fr}	N	Reibkraft
F_{mosc}	N	Oszillierender Massenkraft
$F_{mosc,t}$	N	Tangentiale oszillierende Massenkraft
F_{t}	N	Tangentialkraft
F_{X}	N	Arbeitsgerätewiderstand
F_{Z}	N	Zugkraft
$G_{C}(s)$	-	Übertragungsfunktion des geschlossenen Kreises
$G_{Cmb}(s)$	-	Streckenübertragungsfunktion Dieselmotor
$G_{Ctr}(s)$	-	Reglerübertragungsfunktion
$G_{Eng,n}(s)$	-	Übertragungsfunktion Dieselmotor, drehzahlgeregelt
$G_{Eng,Chr}(s)$	-	Übertragungsfunktion Dieselmotor, Kennfeldsteuerung
$G_{O}(s)$	-	Übertragungsfunktion des offenen Kreises
$G_{St}(s)$	-	Stellgliedübertragungsfunktion
$G_{TC}(s)$	-	Übertragungsfunktion Abgasturbolader
h	- | -	Schrittweite | Sprunghöhe Einheitssprung
H_{u}	J/kg	Heizwert
i	- | -	Übersetzungsverhältnis | Kehrwert Motortaktzahl
I	- | - | %	Intervall | Investition | Zinssatz
J	kgm^2	Trägheitsmoment
K	k.A.	Verstärkungsfaktor
l	m	Pleuellänge, Länge
m_{Cmb}	-	Formfaktor, VIBE-Funktion
$\dot{m}_{fuel}$	kg/m	Kraftstoffmassenstrom
m_{inj}	kg	Pro Arbeitsspiel eingespritzte Kraftstoffmenge
$m_{inj,act}$	kg	Einspritzmenge, Istwert
$m_{inj,dyn}$	kg	Einspritzmenge, dynamisch begrenzt
$m_{inj,set}$	kg	Einspritzmenge, Sollwert
$m_{inj,sta}$	kg	Einspritzmenge, statisch begrenzt
$m_{inj,unlim}$	kg	Einspritzmenge, unbegrenzt
$m_{inj,lim}$	kg	Einspritzmenge, Rauchgrenze
m_{L}	kg	Luftmasse
m_{osc}	kg	Oszillierende Masse
m_{Pis}	kg	Kolbenmasse
n_{act}	min^{-1}	Istdrehzahl
$n_{Eng,act}$	min^{-1}	Drehzahl, Dieselmotor, aktuell
$n_{Eng,set}$	min^{-1}	Drehzahl, Dieselmotor, Sollwert
$n_{ldg,ub}$	min^{-1}	Obere Volllastdrehzahl

n_{idle}	min^{-1}	Leerlaufdrehzahl
$n_{idle,ub}$	min^{-1}	Obere Leerlaufdrehzahl
n_{in}	min^{-1}	Eingangsdrehzahl
n_{max}	min^{-1}	Drehzahl, maximal
n_{min}	min^{-1}	Drehzahl, minimal
n_{set}	min^{-1}	Drehzahl, Sollwert
p	Pa | - | %	Druck | Parameter | Wahrscheinlichkeit
P	W | -	Leistung | Parameterraum
p_{cmp}	Pa	Druck, Kompression
p_{Cyl}	Pa	Druck, Zylinder
$\bar{p}_{fr}$	Pa	Reibmitteldruck
p_{InCl}	Pa	Einlassdruck zur Ventilschlusszeit
p_{max}	Pa	Druck, maximal
p_{min}	Pa	Druck, minimal
P_{out}	W	Leistung, Abtrieb (Ausgang)
p_{TC}	Pa	Ladeluftdruck
pv_{set}	%	Pedal, Sollwert
$\Delta\bar{Q}$	l/h	Verbrauchsdifferenz, gemittelt
$Q_{0,25}$	-	Quartil, unteres
$Q_{0,75}$	-	Quartil, oberes
Q_{Cmb}	J	Wärme, Verbrennung
Q_{dyn}	l/h	Volumenstrom, dynamisch
Q_{fuel}	l/h	Volumenstrom, Kraftstoff
$\dot{Q}_W$	J/s	Wandwärmeverlust
r	m	Kurbelradius
R	J/kgK | - | k.A.	Ideale Gaskonstante | Spannweite | Investitionsrückfluss
s	m	Weg
S^*	-	Optimaler Maschinenzustand
T	Nm	Drehmoment
T_1	s	Zeitkonstante PT1-Glied
t_a	s	Amortisationsdauer
T_{act}	Nm	Drehmoment, Istwert
T_{cmb}	Nm	Gasmoment
T_{cmp}	Nm	Kompressionsmoment
T_{fr}	Nm	Reibmoment
$\bar{T}_{fr}$	Nm	Mittleres Reibmoment
T_{ldg}	Nm	Lastmoment

T_{mosc}	Nm	Oszillierender Moment
Tmp	K	Temperatur
Tmp_{Cyl}	K	Temperatur im Zylinder
Tmp_{env}	K	Umgebungstemperatur
Tmp_{InCl}	K	Temperatur bei Einlassventilschluss
Tmp_{inh}	K	Temperatur, Ansaugtrakt
Tmp_{w}	K	Temperatur, Brennraumwand
T_{N}	s	Nachstellzeit PID-Regler
T_{out}	Nm	Drehmoment, Abtrieb (Ausgang)
t_{ris}	s	Anstiegszeit
t_{slg}	s	Einschwingzeit
T_{V}	s	Vorstellzeit PID-Regler
u	-	Eingangsgröße
v	m/s	Fahrgeschwindigkeit
V	m³	Volumen
V_{σ}	m³	Kompressionsvolumen
V_{H}	m³	Hubvolumen
$V_{H,Cyl}$	m³	Hubvolumen , Zylinders
V_{M}	m³	Schluckvolumen, Motor
V_{P}	m³	Fördervolumen, Pumpe
v_{Wo}	-	Einlassdrallzahl
V_{z}	m³	Arbeitsvolumen eines Zylinders
W_{Eng}	J	Zu verrichtende Kompressionsarbeit
W	J	Arbeit, Energie
ΔW_{t}	J	Periodenbezogene eingesparte Energiemenge
W_{tr}	J	Benötigte Energie, transient
X	-	Zulässiger Bereich
x	-	Zustandsgröße
y	-	Ausgangsgröße, allgemein
z		Zylinderzahl

Griechische Zeichen

Zeichen	Einheit	Größe, Bedeutung
α	°	Verstellwinkel
α_G	-	Mittlere Wärmeübergangszahl
δ	% | -	P-Grad des Dieselmotors | Schaltsignal
δ_U	-	Unleichförmigkeitsgrad
ε	-	Verdichtungsverhältnis
η	-	Wirkungsgrad
$\overline{\eta}_{dyn}$	-	Mittelwerte des dynamischen Wirkungsgrads
$\eta_{M,hm}$	-	Wirkungsgrad, Motor, hydraulisch-mechanisch
$\eta_{M,vol}$	-	Wirkungsgrad, Motor, volumetrisch
$\eta_{P,hm}$	-	Wirkungsgrad, Pumpe, hydraulisch-mechanisch
$\eta_{P,vol}$	-	Wirkungsgrad, Pumpe, volumetrisch
$\overline{\eta}_{sta}$	-	Wirkungsgrad, stationär, Mittelwert
λ_{lim}	-	Rauchgrenze
λ	- | -	Luftverhältnis | Schubstangenverhältnis
φ	rad	Kurbelwinkel
$\dot{\varphi}$	rad/s	Winkelgeschwindigkeit
$\ddot{\varphi}$	rad/s^2	Winkelbeschleunigung
$\varphi_{Cmb,cb}$	rad	Verbrennungsbeginn
$\varphi_{Cmb,cl}$	rad	Verbrennungsdauer
$\varphi_{Cmb,exOp}$	rad	Öffnungszeitpunkt Auslassventil
$\varphi_{Cmb,inCs}$	rad	Schließzeitpunkt Einlassventil
φ_{CS}	rad	Kurbelwinkel
ρ_{fuel}	kg/m^3	Dichte Kraftstoff
ω	rad/s	Winkelgeschwindigkeit

Abkürzungen

Abkürzung	Bedeutung
4WD	4-Wheel-Drive (Allradantrieb)
ABS	Anti-Blockier-System
ACEA	Verband europäischer Automobilhersteller
AH	Arbeitshydraulik
AL	Algebraische Schleifen
AM	Anforderungen an die Modellbildung
ANN (KNN)	Artificial Neural Network (Künstliches Neuronales Netz)
AP	Anforderungen an die Programmierung
ASR	Anti-Schlupf-Regelung
ATL	Abgasturbolader
AVG	Achsverteilergetriebe
AWU	Anti-Wind-Up
AZM	Außenzahnradmotor
AZP	Außenzahnradpumpe
BS	Betriebsstrategie
BTC (UT)	Bottom Dead Center (Unterer Totpunkt)
CAN	Controller Area Network
CFD	Computational Fluid Dynamics
CPU	Central Processing Unit
CR	Common Rail
C-S-function	In C implementierte spezielle Anwenderfunktion in MATLAB
DLG	Deutsche Landwirtschafts-Gesellschaft
DMS	Dehnmessstreifen
DOF	Degree Of Freedom (Freiheitsgrad)
DT	Differenzierende zeitverzögerte Übertragung
ECE	Economic Commission for Europe
ECU	Electronic Control Unit
EDC	Electronic Diesel Control
EEPROM	Electrically Erasable Programmable Read-Only Memory
EG	Europäische Gemeinschaft
EPROM	Erasable Programmable Read-Only Memory
ESC	European Steady State Cycle
ESP	Elektronisches Stabilitätsprogramm
EWG	Europäischen Wirtschaftsgemeinschaft
FA	Fahrantrieb
FFT	Fast-Fourier-Transformation
FS	Full Scale
GMM	Gesamtmaschinenmanagement
GUI	Graphical User Interface
HEV	Hybrid Electric Vehicle
HHV	Hydraulic Hybrid Vehicle
HiL	Hardware in the Loop

IOL	Ideal Operating Line
IP	International Protection, Schutzart
ISO	International Organization for Standardization
LDA	Ladedruckabhängige Einspritzmengenbegrenzung
LH	Lenkhydraulik
LS	Load Sensing
LVG	Leistungsverzweigungsgetriebe
MIPS	Million Instructions Per Second
NEDC	New European Driving Cycle
NEFZ	New European Driving Cycle
NRSC	Nonroad Steady Cycle
ODE	Ordinary Differential Equation
OECD	Organisation for Economic Co-operation and Development
OP	Operating Point, Betriebspunkte
OR	Operations Research
P	Proportional
P/N-Plan	Pol/Nullstellen-Plan
PCMCIA	Personal Computer Memory Card International Association
PI	Proportional-Integral
PID	Proportional-Integral-Differential
PKW	Personenkraftwagen
PLD	Pumpe-Leitung-Düse
PSO	Particle Swarm Optimization
PT	Proportionale zeitverzögerte Übertragung
PTO	Zapfwelle
PV	Pedal Value, Pedalwertgeber
PVG	Pumpenverteilergetriebe
PWM	Pulsweitenmoduliert
RAM	Random-Access-Memory
RCPT	Realtime Control Prototyping Target
ROM	Read-Only Memory
RT (EZ)	Realtime (Echtzeit)
RTF	Real Time Factor, Echtzeitfaktor
SAE	Society of Automobile Engineers
SSSP	Single Source Shortest Path problem
TDC (OT)	Top Dead Center (Oberer Totpunkt)
UML	Unified Modeling Language
UNFCCC	United Nations Framework Convention on Climate Change
VDI	Verein Deutscher Ingenieure
VTG	Variable Turbinengeometrie
WOK	Wurzelortskurve
ZCD	Zero-Crossing Detection
Z-DGL	Zustandsdifferentialgleichungen
ZR	Zustandsraum

1   Einleitung

1.1   Motivation

In den letzen 20 Jahren hat sich der Dieselpreis für deutsche Endverbraucher mit einer Steigerung von 0,493 € auf 1,052 € mehr als verdoppelt [Ara2009]. Deshalb stiegen die Kraftstoffkosten bezogen auf die technische Lebensdauer von mobilen Arbeitsmaschinen wie Traktoren, Radladern oder Baggern auf inzwischen ca. 50 % der Gesamtkosten ebenso wie bei Diesel-PKWs auf etwa ein Drittel. Diese Entwicklung wird sich wegen weiter knapper werdender Rohstoffe in den nächsten Jahren fortsetzen. Das führt beim Endverbraucher zur Nachfrage nach energieeffizienteren und kraftstoffsparenden Technologien, da das Einsparpotenzial mit steigendem Dieselkraftstoffpreis wächst (vgl. **Tabelle 1-1**). Ein verringerter Kraftstoffverbrauch ist gleichbedeutend mit niedrigeren variablen Kosten, was bei Lohnunternehmern oder industriellen Maschinenanwendern zu einer verbesserten Wettbewerbssituation führt.

BRD, 2009	Diesel-PKW	Mobile Arbeitsmaschine
Stückzahl	10,29 Mio. [1]	1,94 Mio. [2] + 0,26 Mio. [1], [3]
Fahrzeugleben	200.000 km	10.000 h [4],[5]
Nutzungsdauer	10 a [6]	15 a [4]
Verbrauch	7 l/100 km [7]	20 l/h
Dieselpreis / Liter	1,05 €	1,05 €
Verbrauchskosten / Jahr	1.470 €	14.000 €
Einsparung / Jahr bei Effizienzsteigerung 10%	147 €	1.400 €
Einsparung gesamt / Jahr	1,51 Mrd. €	3,08 Mrd. €

1) [KBA2009], 2) Zugmaschinen, 3) Feuerwehrfahrzeuge, anerkannte Arbeitsmaschinen,
4) [Lip2005], 5) [Rau2004], 6) [Bie2001], 7) [Bor2009]

Tabelle 1-1: Einsparpotenziale durch Verbrauchsreduzierung

Eine Effizienzsteigerung von 10 % würde den Dieselverbrauch in der Bundesrepublik Deutschland (BRD) entsprechend verringern und damit zu einer jährlichen Gesamtersparnis von 4,59 Mrd. € führen. Gleichermaßen würde der CO_2-Ausstoß reduziert und die 1998 unterzeichnete Selbstverpflichtung des Verbands europäischer Automobilhersteller (ACEA) zur Senkung der CO_2-Emissionen unterstützt. Mit der Zusage bis 2012, die durchschnittlichen CO_2-Emissionen von neu zugelassenen PKWs auf

120 g/km zu reduzieren (im Februar 2007 auf 130 g/km korrigiert, [Reh2007]), trägt der Verband der 1994 in Kraft getretenen Klimarahmenkonvention der Vereinten Nationen (UNFCCC) mit dem Ziel einer 20%igen Treibhausgasemissionssenkung bis 2020 Rechnung [KOM2007].

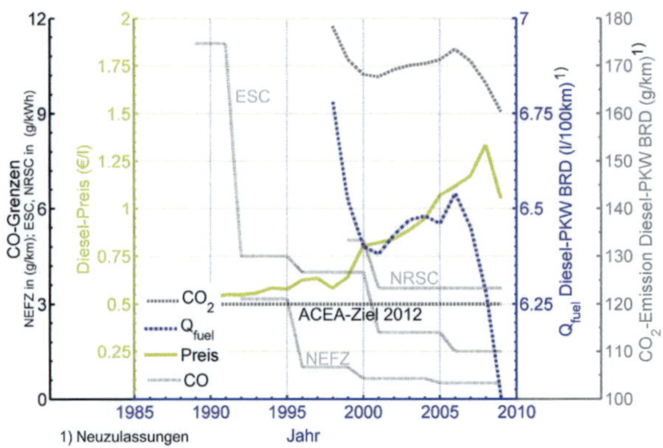

Bild 1-1: Diesel-Preisentwicklung, CO-Grenzen, spezifischer Verbrauch [KBA2009]

Bild 1-1 veranschaulicht die nationale Diesel-Preisentwicklung der letzten 20 Jahre und die tendenzielle Gegenläufigkeit des spezifischen Verbrauchs von neu zugelassenen Diesel-PKWs in der BRD sowie die dazu proportionalen CO_2-Emissionen [Mer2006]. Dem gegenübergestellt sind beispielhaft die sukzessive verschärften europäischen gesetzlichen Emissionsgrenzwerte für den CO-Ausstoß von PKWs (gemessen im New European Driving Cycle, NEDC, dt. NEFZ), Nutzfahrzeugen (gemessen im European Steady State Cycle, ESC) und mobilen Arbeitsmaschinen (gemessen im Nonroad Steady Cycle, NRSC) mit Nennleistungen von 130-560 kW.

Diese Entwicklung bestärkt Fahrzeughersteller in ihren Bestrebungen, umweltfreundliche und verbrauchsoptimierte Antriebskonzepte zu entwickeln und zu produzieren.

Durch den Trend der Hybridisierung im automotiven und Nutzfahrzeugsektor [Kil1999, Sch2008, Unr2008] inspiriert, halten hybride Antriebskonzepte und Rekuperationsstrategien in zunehmendem Maße Einzug in den Bereich mobiler Arbeitsmaschinen [Kli2007, Sieb2008, Vae2009]. Diese Entwicklung führt zum einen zu völlig neuen energieeffizienten Antriebslösungen [Ach2008, Ste2009] und veranlasst zum anderen die Hersteller, bestehende Konzepte kritisch in Hinblick auf Optimierungspotenziale zu untersuchen.

1.2 Aufgabenstellung

Ziel der vorliegenden Arbeit ist die Entwicklung eines methodischen Ansatzes für die Konzeptionierung eines Gesamtmaschinenmanagements zur Optimierung der Betriebsführung mobiler Arbeitsmaschinen. Der entwickelte Ansatz stellt eine Vorgehensweise zur Identifikation von Optimierungspotenzialen in bestehenden Maschinenkonzepten zur Verfügung. Themenschwerpunkte sind in **Bild 1-2** beschrieben.

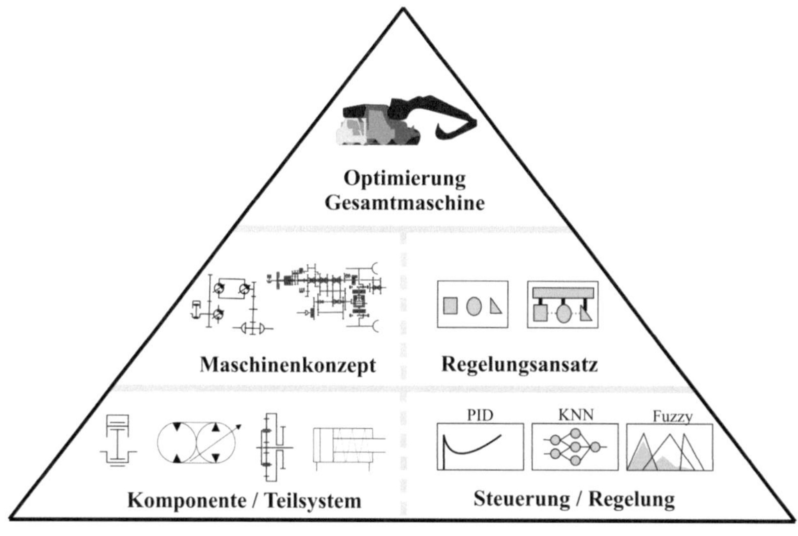

Bild 1-2: Themenschwerpunkte des Konzepts zur Optimierung
des Gesamtmaschinenmanagements

Der erste Teil der Arbeit beschreibt die Entwicklung des dynamischen Modells für einen Dieselmotor als typischen Primärenergielieferant mobiler Arbeitsmaschinen. Damit kann das transiente Betriebsverhalten dieser Komponente im Optimierungsansatz berücksichtigt werden. Wichtig bei der Modellbildung ist dabei die möglichst einfache Abbildung des Kraftstoffverbrauchs.

Der zweite Teil der Arbeit befasst sich mit der Analyse bestehender Maschinenkonzepte. Exemplarisch werden für drei mobile Arbeitsmaschinen (Valtra Valmet 8050E, Liebherr Radlader L550, Fendt Vario 412,) die bestehenden Regel- und Steuermechanismen untersucht. Aus den Ergebnissen der Analyse werden eine hierarchische Darstellung der einzelnen Regelsysteme abgeleitet und bestehende Verflechtungen systematisiert.

Der dritte Teil der Arbeit beschreibt die Ableitung der Optimierungspotenziale für das Gesamtmaschinenmanagement. Diese werden in den drei Betriebsstrategien, einer stationären, einer quasistationären sowie einer dynamischen unterschiedlich genutzt und durch das Gesamtmaschinenmanagement in konkrete Steuervektoren für die Betriebsführung überführt. Die Ergebnisse der jeweiligen Ansätze werden mit den Simulationsmodellen für die jeweilige Arbeitsmaschine auf Plausibilität geprüft.

2 Dynamisches Simulationsmodell des Dieselmotors

Ein mathematisches Modell, das eine reale Gesamtmaschine beschreibt, dient der reproduzierbaren Untersuchung der Eigenschaften des Systems (Stabilität, Regelbarkeit) und seines dynamischen Verhaltens. Zwecks Aufwandsminimierung bei der Modellgewinnung für die meist hochkomplexen realen Systeme werden Abstraktionen vorgenommen. Dabei werden die für den Untersuchungsrahmen irrelevanten Zusammenhänge vernachlässigt. Es gibt analytische (white-box) und experimentell (black-box) gewonnene Modelle (vgl. **Bild 2-1**), [Her2005, Lut2007].

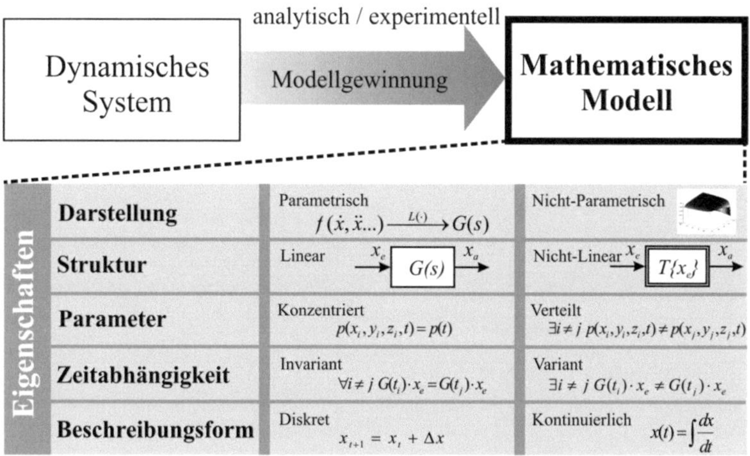

Bild 2-1: Klassifikation mathematischer Modelle

Meist finden Mischformen der Modellarten Verwendung: physikalische Zusammenhänge - in Gleichungen beschrieben – werden mit aus Messungen identifizierten Systemeigenschaften kombiniert. Es hat sich der Begriff grey-box-Modell etabliert.

Tabelle 2-1 zeigt auszugsweise in der Literatur erwähnte Modellarten für Dieselmotoren. Unterschiede sind bei den Eigenschaften, wie beispielsweise Darstellung, Struktur, Parameter, Zeitabhängigkeit sowie Beschreibungsform. Je nach Anwendungszweck variieren Abbildungsumfang und Detaillierungsgrad.

Quelle	Fokus / Anwendungspotenzial	Umfang und Struktur
Bar2001	CR-Verbrennungsmodell für 1D-Ladungswechselberechnung (ATL)	Vorverbrennung (VIBE) Hauptverbrennung (VIBE -Hyperbel)
Böh2001	Antriebsstrangsimulation Systemsimulation	Statisches und dynamisches Motorverhalten (PT2), geregelter Dieselmotor
Com2005	HiL-Längsdynamiksimulation Echtzeitfähigkeit, Momentenstellglied	Dynamisches Motorverhalten Summenmomentmodell
Eig2000	Wandwärmemodell 3D-CFD-Simulationsrechnung	Wärmeleitung, Konvektion Strahlungswärme
Ger1999	2- und 4-Takt-Simulationsmodell hochaufgeladener Dieselmotoren	Dynamisches Verhalten, modulares white-box-Modell, hohe Parameterzahl
Käm2003	Echtzeitfähigkeit Prototypentwicklung	Ventiltrieb, Verbrennung, Kurbeltrieb 1D-Strömung
Lan2002	Reglerauslegung	Dynamisches Motorverhalten (IT1), ungeregelter Dieselmotor
Mül1996	Drehschwingungssimulation	Einzonenmodell, VIBE-Brennfunktion
Phi2004	EDC-Softwareentwicklung	Verbrennungsabbildung durch Formfunktions-approximation, ATL, Luftpfad, Kraftstoffpfad
Ric2006	Reglerentwicklung (Ladedruck- und Abgas-rückführratenregelung)	ATL, VIBE-Brennverlauf Kühlung, Abgasrückführung
Rin2002a	Abgasmodell	Stationäre HC, CO, NOx-Berechnung
Sch1999	Systemsimulation Gesamtfahrzeugregelung	ATL, Ventile, Verbrennung Ladungswechsel
Sch2000	Antriebsstrangsimulation Systemsimulation Dynamikuntersuchung	Triebwerk, VIBE-Brennverlauf, Drehzahlregelung Abgasturbolader
Sch2006 DeS1999	Verbrauchsberechnung	Polynomansatz, Mathematische Darstellung des stationären Verbrauchs
Sch2007a	Verbrennungsregelung	Kurbelwelle, analytische Verbrennungsberech-nung (Tangens-Ansatz)
Tar1994	Reglerentwicklung Traktor	Einspritzpumpenidentifikation, Motoridentifi-kation (PT2), Regleralgorithmen
Tra2007	Drehschwingungssimulation Ordnungsanalyse	Fourierreihe des indizierten Drehmoments
Wen2006	Ruß- und NOx-Modell für EDC schnell-laufender Dieselmotoren, Null-dimensional	Potenzproduktansatz zur Berechnung von NOx und Ruß im Steuergerät
Wil2008	Ladungswechselsimulation Mechanische Verlustsimulation	Niederdruckverlust beim Ladungswechsel
Win2003	EDC-Applikation, Vorbedatung von EDC mit HiL-Simulator (Ottomotor)	Kraftstoffpfad, Luftpfad, Kühlung
Yan1995	Längsdynamikregelung Antriebsstrangsimulation	Pedalwertsteuerung, Ein- Auslasstrakt Kühler, Abgasturbolader, Reibung

Tabelle 2-1: Bestehende Ansätze der Dieselmotormodellierung

Die Zusammenstellung der verfügbaren Ansätze bei der Dieselmotormodellierung lässt den Rückschluss auf sinnvolle Anforderungen an ein Modell für die Gesamtma-schinensimulation und Optimierung der Betriebsführung mobiler Arbeitsmaschinen zu. Die Anforderungen werden vor dem Hintergrund einer Modellimplementierung unter MATLAB/Simulink in zwei Klassen unterteilt. Die nachfolgend in **Tabelle 2-2** dargestellten Anforderungen an die Modellbildung (AM) definieren die Grenzen und den Anwendungsfokus des Modells. Die entworfenen Anforderungen an die Programmierung (AP) berücksichtigen die „best-practice"-Grundsätze des Software Engineering und behandeln die aus numerischer Sicht gegebenen Grenzen der Implementierung [Pet2001].

Anforderung Modellbildung		Anforderung Programmierung	
Abbildung des stationären und transienten Streckenverhaltens bei geringer Parameterverfügbarkeit	**AM1**	Modularer Aufbau zur Erweiterbarkeit	**AP1**
Berücksichtigung der Nichtlinearitäten in der Strecke	**AM2**	Realisierung fester (continuous) sowie variabler (variable) Schrittweite	**AP2**
Möglichkeit der Integration eines ATL-Modells	**AM3**	Stabilitäts- und Fehlerbetrachtung einzelner Lösungsverfahren	**AP3**
Abbildung des Reglers (EDC)	**AM4**	Behandlung von Diskontinuitäten	**AP4**

Tabelle 2-2: Anforderungen Dieselmotormodell

- **AM1**:

Das zu erstellende Dieselmotormodell soll sowohl das stationäre als auch das transiente Verhalten abbilden. Aus Maschinenperspektive kann unter dem stationären Verhalten die Systemeigenschaft des Motors in einem festen Arbeitspunkt verstanden werden. Das transiente Verhalten bezeichnet die Systemantwort auf einen Lastwechsel (Störgröße) an der Kurbelwelle. Die real beobachtbare Reaktion im alldrehzahlgeregelten Betrieb ist bei einer sprunghaften Lasterhöhung eine Kraftstoffverbrauchsspitze und ein temporärer Drehzahleinbruch. Das beschriebene Verhalten ergibt sich durch das Zusammenspiel einer Reihe von Teilsystemen des Dieselmotors, unter anderem durch die Rückkopplung der Motorregler- auf die Streckenübertragungsfunktion.

- **AM2**:

Das nichtlineare Motorverhalten ergibt sich aus Nichtlinearitäten im Regler und in der Strecke. In der Strecke werden die thermodynamischen Effekte mittels konzentrierter Parameter abgebildet. Dieser auch Null-dimensional genannte Ansatz unterscheidet keine örtlichen Differenzen einzelner Zustandsgrößen. Diese einfache thermodynamische Betrachtung ermöglicht dennoch die Berechnung betriebspunktabhängiger stationärer Wirkungsgradunterschiede, ohne dass ein vermessenes Muscheldiagramm vorliegen muss.

- **AM3**:

  Der Abgasturbolader (ATL) wird als Teil der zu regelnden Strecke angesehen. Er beeinflusst das Streckenübertragungsverhalten und soll deshalb in Form eines einfachen, aber erweiterbaren Modells berücksichtigt werden.

- **AM4**:

  Die Abbildung des Dieselmotorreglers ist zwingend erforderlich, da sich das Gesamtsystemverhalten des Motors durch ihn in weiten Grenzen beeinflussen lässt. Gerade in einer mobilen Arbeitsmaschine ist diese Feststellung wichtig, da der Dieselmotor durch das Ansteuern der üblicherweise um den Faktor 10-50 dynamischeren Hydrostaten annähernd ideale Lastsprünge erfahren kann. Diese können nur innerhalb der vom Regler vorgegebenen Grenzen aufgefangen werden und zu großen Drehzahleinbrüchen führen. Der abzubildende Regler soll die Alldrehzahlregelung und eine Füllungssteuerung des Dieselmotormodells ermöglichen. In der Regel erhält er die Führungsgröße über den Pedalwertgeber und bestimmt die Einspritzmenge in Abhängigkeit des aktuellen Betriebszustands. Je nach Arbeitspunkt werden verschiedene Schaltbedingungen erfüllt, die zu Nichtlinearitäten in Form von Einspritzmengenbegrenzungen oder -erhöhungen führen.

- **AP1**:

  Die Implementierung erfolgt unter MATLAB/Simulink und soll im Sinne einer leichten Erweiterbarkeit objektorientiert bzw. modular sein.

- **AP2**:

  Zur Laufzeitoptimierung wird eine Implementierung gefordert, die sowohl bei fester als auch bei variabler Schrittweite die Berechnung der Systemgleichungen ermöglicht. Feste Schrittweiten eignen sich in Hinblick auf die Compilierung für ein echtzeitfähiges Zielsystem (EZ-Target). Die Berechnung der Systemgleichungen mit variabler Schrittweitensteuerung verkürzt die Rechenzeiten.

- **AP3**:

  Die Implementierung soll so gewählt werden, dass numerische Fehler weder zur Modellinstabilität noch zu global falschem Verhalten des Modells führen. Die Angabe eines geeigneten Lösungsverfahrens und der Nachweis der numerischen Stabilität bei einer erwünschten Ergebnisgenauigkeit sind gewünscht.

- **AP4**:

  Die korrekte Lösung der Modellgleichungen muss gerade in Bereichen auftretender Diskontinuitäten sichergestellt sein.

Mit der obigen Darstellung sind die als wichtig erkannten Anforderungen an das zu erstellende Motormodell definiert. Diese werden in den nächsten Abschnitten bei der Modellbildung der Regelstrecke, des Reglers sowie deren Implementierung berücksichtigt und auf ihre Erfüllung geprüft.

2.1 Modellbildung der Regelstrecke

Moderne Dieselmotoren sind komplexe Aggregate, die aus verschiedenen Teilsystemen bestehen. [Mol2007] unterscheidet das Verbrennungs-, Auflade-, Kühl-, Schmier-, Einspritz-, Abgas- und Kraftstoffsystem sowie das mechanische System, **Bild 2-2**.

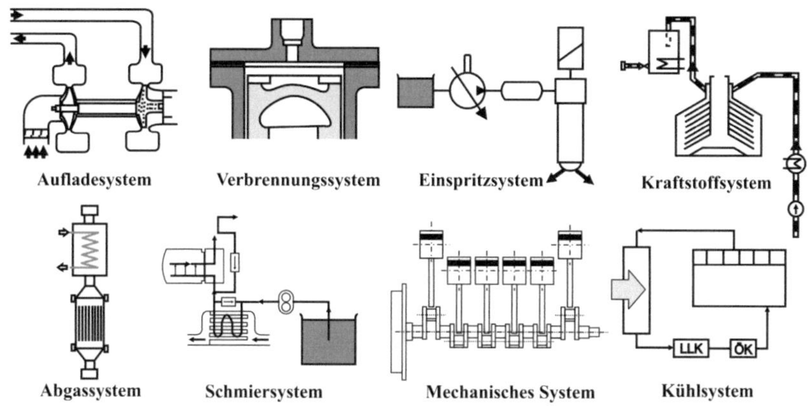

Bild 2-2: Der Dieselmotor und seine Teilsysteme, vgl. [Mol2007]

Jedes dieser Teilsysteme weist eine Vielzahl technologischer Varianten auf [Bos2003, Mer2006, Mol2007, Url1995], die je nach Anwendungszweck des Modells bei der Modellbildung Berücksichtigung finden müssen.

Da es den typischen Dieselmotor als solchen nicht gibt, hängt der erforderliche Modellierungsumfang, ersichtlich aus der Anzahl der zu berücksichtigenden Teilsysteme, von der Technologiestufe (vgl. [Mol2007, Ren2009]) des abzubildenden Dieselmotors ab. Zur Erfüllung der Anforderungen an das in dieser Arbeit entwickelte Modell wird bei der Streckenabbildung in **Abschnitt 2.1.1** das mechanische System, das Verbrennungssystem und in **Abschnitt 2.1.2** das Aufladesystem berücksichtigt. Die Abbildung der Dieselmotorregelung für die einzelnen Teilsysteme und das Gesamtsystem wird von der Streckenmodellierung strikt getrennt und im darauffolgenden **Abschnitt 2.1.3** dargestellt. Abgesehen vom Abgasturbolader werden die anderen Teilsysteme im erstellten Modell nicht abgebildet. Diese bewusst in Kauf genommene Abweichung zum realen System, auch „Fehler 1. Art" genannt (vgl. [Bol2004]), ist ein ex ante bekannter Modellfehler. Der Grund für diese Vorgehensweise liegt in der Anforderung **AM1**, nach einem im Rahmen der Gesamtsystemsimulation vertretbaren Modellierungsaufwand und einer einfachen Parametrierbarkeit des Motormodells. Durch Einhaltung von **AP1** kann das Modell, falls aufgrund größerer Abweichungen zum realen System erforderlich, jederzeit um zusätzliche Teilsysteme erweitert werden. Dadurch wird der Detaillierungsgrad gesteigert und der Modellfehler verringert.

Der als „Fehler 2. Art" bezeichnete Fehler bei der Modellbildung der Strecke kann prinzipbedingt nicht vermieden werden. Er ergibt sich aus der Ungenauigkeit der zur Verfügung stehenden Modellparameter. Diese fehlerbehafteten Daten führen zur Laufzeit des Modells zu Abweichungen in den berechneten Lösungen, im Vergleich zur Verwendung korrekter (genauerer) Parameterwerte. Der Fehler 2. Art kann bei schwer bestimmbaren Parametern nur durch hohen Mess- und damit Zeit- sowie Kostenaufwand verringert werden. Die Fragestellung, inwieweit die Ungenauigkeiten der im Modell verwendeten Parameterwerte die Simulationsergebnisse beeinflussen, wird in **Abschnitt 2.1.3** durch eine Sensitivitätsanalyse beantwortet.

Das Ziel der nachfolgend dargestellten Abbildung des Dieselmotors als Regelstrecke ist die mathematische Beschreibung des mechanischen Systems sowie des Verbrennungs- und des Aufladesystems. Hierdurch soll sein charakteristisches, quasistationäres sowie transientes Verhalten wiedergegeben werden. Im Rahmen des Anwendungszwecks Antriebsstrangsimulation reicht die Betrachtung des spezifischen Kraftstoffverbrauchs b_e als kennzeichnende Größe für das Stationärverhalten des Motormodells aus. Es soll bei einer einfachen Parametrierbarkeit (wenige Messungen, allgemein verfügbare Parameterwerte) den betriebspunktspezifischen Dieselverbrauch berechnen können. Das transiente Verhalten wird durch das Führungs- und Störgrößenverhalten charakterisiert. Es ergibt sich aus dem gemeinsamen Verhalten der Strecke und des Reglers. Kennzeichnende Größen sind hier der aktuelle Dieselkraftstoffverbrauch b_{act} und der Verlauf der Regelgrößenabweichung, der Differenz aus aktueller sowie reglerseitig voreingestellter Dieselmotordrehzahl $\Delta n_{Eng} = n_{Eng,act} - n_{Eng,set}$.

2.1.1 Mechanisches System und Verbrennungssystem

Zur Erfüllung der Anforderungen **AM1-3** wird das mechanische System sowie das Verbrennungssystem in die Zustandsraum (ZR)-Darstellung überführt. Der gewählte Ansatz geht auf das Einzonenmodell in [Pis2002, Sch2000] zurück. Der Zylinderbrennraum wird dort als System aufgefasst, das die Ladungswechselphase und die Hochdruckphase durchläuft. Während des Ladungswechsels werden Frischgas angesaugt und die Verbrennungsgase ausgeschoben. In der Hochdruckphase werden die angesaugte Luftmasse komprimiert und der eingebrachte Kraftstoff nach dem Einspritzvorgang verbrannt. Der hochkomplexe Verbrennungsvorgang wird durch eine Wärmeenergiezufuhr in das System nach einer frei definierbaren Formfunktion (häufig die einfache VIBE-Funktion [Vib1970]) abgebildet. Dieser Ansatz bietet sich deshalb an, da auf Basis dieser Null-dimensionalen Modellierung eine spätere Erweiterung zur kompletten Abbildung des Luftmassen- sowie Kraftstoffmassenpfads nach der Füll- und Entleermethode denkbar ist (**AP1**).

Mechanisches System

Das mechanische System des Dieselmotors besteht aus dem Kurbeltrieb sowie einer Reihe von zahnrad- oder kettengetriebenen Nebenantriebselementen. Zur Integration in das Gesamtstreckenmodell wird hier ausschließlich der Kurbeltrieb berücksichtigt. Der Aufbau ist in **Bild 2-3** schematisch dargestellt. Er besteht aus der Kurbelwelle, dem Pleuel und dem Zylinderkopf. Der Kurbeltrieb hat die Primäraufgabe, die auf den Kolben wirkende Gaskraft F_{Cmb} in eine rotatorische Bewegung der Kurbelwelle zu wandeln [Kur2006]. Dafür wird die Gaskraft F_{Cmb} unter Einwirkung der oszillierenden Massenkraft F_{mosc} über das Pleuel in den Kurbelzapfen eingeleitet.

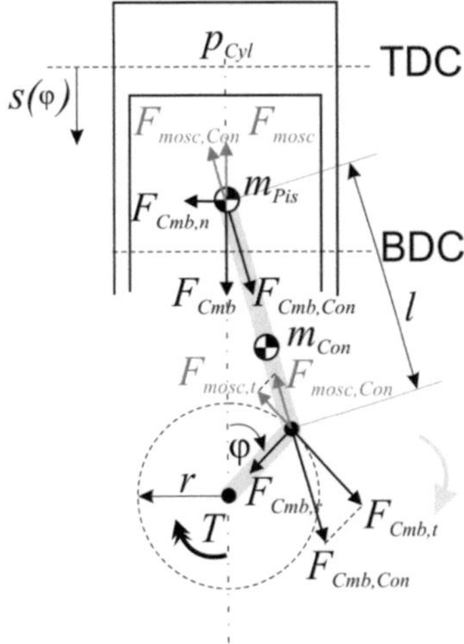

Bild 2-3: Kurbeltrieb

Die zum Kurbelradius r (Abstand Kurbel- von Wellenzapfen) tangential wirkenden Kraftkomponenten $F_{Cmb,t}$ und $F_{mosc,t}$ erzeugen das Drehmoment T um die Längsachse der Kurbelwelle. Während die Gaskraftkomponente $F_{Cmb,t}$ durch die Verbrennung entsteht, wird der tangential wirkende Massenkraftanteil $F_{mosc,t}$ durch den oszillierenden Anteil der Pleuelmasse sowie die sich hin- und herbewegende Kolbenmasse m_{Pis} verursacht. Radial ($F_{Cmb,r}$) und normal ($F_{Cmb,n}$) wirkende Kraftanteile werden in den Lagern und den Zylinderlaufflächen aufgenommen.

Aufgrund des in der Praxis immer gewährleisteten Ausgleichs der rotatorischen Massenkräfte durch Gegengewichte [Spi2007] an den Kurbelwangen werden sie modellseitig nicht abgebildet. Im Gegensatz dazu werden die oszillierenden Massenkräfte erster und zweiter Ordnung, deren Wirkung sich im Ungleichförmigkeitsgrad des Dieselmotors widerspiegelt, berücksichtigt. Sie berechnen sich nach (**2.1**), [Spi2007].

$$F_{mosc}(\varphi) = \left| m_{osc} \cdot r \cdot \dot{\varphi}^2 \cdot (\cos\varphi + \lambda \cdot \cos 2\varphi) \right| =$$
$$\left| m_{osc} \cdot r \cdot \dot{\varphi}^2 \cdot \cos\varphi + m_{osc} \cdot r \cdot \dot{\varphi}^2 \cdot \lambda \cdot \cos 2\varphi \right| \tag{2.1}$$

Die oszillierende Massenkraft erster Ordnung ändert sich mit dem Kurbelwinkel φ, während sich die zweiter Ordnung mit dem doppelten Kurbelwinkel ändert. Über die trigonometrischen Zusammenhänge und eine TAYLOR-Reihenentwicklung lässt sich aus der Gleichung (**2.2**) für die zugehörige Tangentialkraft die folgende Beziehung (**2.3**) für das resultierende Massenmoment herleiten [Sch2000, Pis2002].

$$F_{mosc,t}(\varphi) = F_{mosc}(\varphi) \cdot \sin\varphi + \frac{\lambda}{2}\sin 2\varphi \tag{2.2}$$

$$T_{mosc}(\varphi) = F_{mosc,t} \cdot r = m_{osc} \cdot r^2 \cdot \dot{\varphi}^2 \cdot \left(\frac{1}{4} \cdot \lambda \cdot \sin\varphi - \frac{1}{2} \cdot \sin 2\varphi - \ldots \right.$$
$$\left. \ldots \frac{3}{4} \cdot \lambda \cdot \sin 3\varphi - \frac{1}{4} \cdot \lambda^2 \cdot \sin 4\varphi \right) \tag{2.3}$$

Der mechanische Kurbeltrieb, der die Massen- sowie Gaskräfte in Tangentialkräfte wandelt, wird modellseitig nur funktional abgebildet. Das heißt, dass weder die Geometrien noch die verwendeten Werkstoffe der Kurbelwelle und des Pleuels bekannt sein müssen. Bezogen auf das reale System, bestehend aus schwingungsfähigen Teilsystemen, kommt das der Annahme einer Kurbelwelle mit der Drehsteifigkeit $c_{CS} = \infty$ gleich. Das Modell wird damit leichter parametrierbar, kann aber die Torsion der mechanischen Bauteile des Kurbeltriebs nicht abbilden. In Hinblick auf die Systemsimulation einer mobilen Arbeitsmaschine stellt diese in der Abbildungstiefe gewählte Modellgrenze aber keine Beschränkung zum Einsatz des Modells dar. Für die Implementierung einer Laufruheregelung, vgl. [Lac2004], sind modellseitige Adaptionen erforderlich. Ausführungen zur Abbildung der Kurbelwelle als schwingungsfähiges mechanisches Feder-Dämpfer-System finden sich in [Mol2007].

Aus den geometrischen Abhängigkeiten im Kurbeltrieb berechnet sich das Arbeitsvolumen eines Zylinders nach (2.4), [Pis2002].

$$V_z(\varphi) = A_{Pis} \cdot r \cdot \left(1 - \cos\varphi - \frac{1}{\lambda} \cdot \sqrt{1 - \lambda^2 \cdot \sin^2\varphi} + \frac{1}{\lambda} \right) + V_c \qquad (2.4)$$

Um die geschwindigkeitsabhängige mechanische Systemdämpfung modellseitig zu integrieren, wird der empirische Ansatz nach [Url1995] verwendet. Das mittlere Reibmoment $\overline{T}_{fr}(\varphi)$ wirkt dem durch die Tangentialkräfte erzeugten Drehmoment um die Kurbelwelle entgegen. Es berechnet sich aus dem Reibmitteldruck (2.5) entsprechend der Gleichung (2.6).

$$\overline{p}_{fr}(\varphi) = 0{,}07 \cdot (\varepsilon - 4) + 0{,}4 \cdot \frac{60 \cdot \dot{\varphi}}{2\pi \cdot 1000} + 0{,}4 \cdot \left(\frac{2 \cdot r \cdot \dot{\varphi}}{\pi \cdot 10} \right)^2 \qquad (2.5)$$

$$\overline{T}_{fr}(\varphi) = \frac{V_H \cdot \overline{p}_{fr}(\varphi)}{4 \cdot \pi} \qquad (2.6)$$

Verbrennungssystem

Das Verbrennungssystem besteht aus dem Zylinderbrennraum, der durch den Kolben und dessen aktuelle Position sowie die Zylinderwand (Laufbuchsen) begrenzt wird. Im Zylinderbrennraum erfolgt die Umsetzung der chemisch im Dieselkraftstoff gebundenen Energie in Nutzarbeit. Für die ZR-Darstellung werden der Ladeluftdruck p_{TC}, die pro Arbeitsspiel eingespritzte Kraftstoffmenge m_{inj} (oder äquivalent die Wärmemenge) sowie das Lastmoment T_{ldg} (Störgröße in Hinblick auf die Alldrehzahlregelung) als Systemeingangsgrößen $\bar{u}(t)$ festgelegt. Der innere Systemzustand des Zylinderbrennraums wird unter Einbeziehung der mechanischen Zusammenhänge im Kurbeltrieb durch die Zustandsvariablen $\bar{x}(t) = (\varphi(t), \dot{\varphi}(t), p_{Cyl}(t), Tmp_{Cyl}(t))^T$ beschrieben, wie in **Bild 2-4** dargestellt.

Die Systemdynamik, also der zeitliche Verlauf der Zustandsgrößen $\bar{x}(t)$ sowie der Systemausgangsgrößen $\bar{y}(t)$ bei bekannt vorausgesetzter Trajektorie der Eingangsgrößen, kann durch die Zustandsdifferentialgleichungen (Z-DGL) für die Druckänderung, die Temperaturänderung und die Änderung der Wärmeenergie (proportional der Kraftstoffmassenumsetzung) abgebildet werden. Als Ausgangsgröße werden die Winkelgeschwindigkeit $\dot{\varphi}$ und der aktuelle Kraftstoffverbrauch gewählt. Der Ladungswechselvorgang wird durch die Kraftstoffmassenzufuhr zum Zeitpunkt der Einlassventilöffnung abgebildet. Die Ventile selbst und die Strömungsvorgänge sind nicht Teil der Modellierung (**AM1**). Während der Ansaugphase wird der Einlassdruck auf den Turboladerausgangsdruck p_{TC} gesetzt.

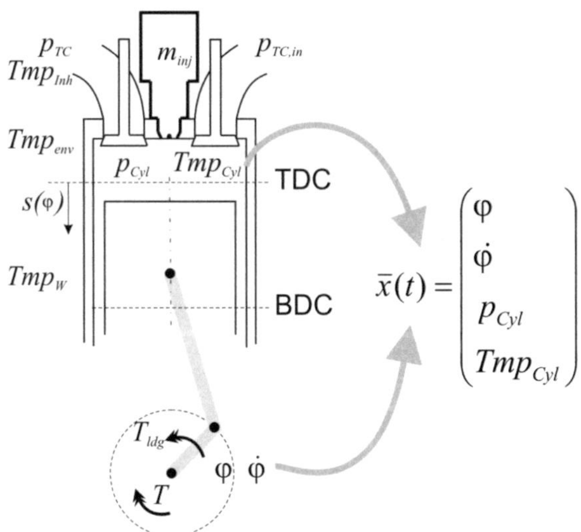

Bild 2-4: Verbrennungssystem

Mit der Öffnung des Auslassventils entspannt sich der Zylinderdruck in der Ausschiebephase auf den Turboladereingangsdruck, der hier in Höhe des Umgebungsdrucks angenommen wird. Der Grund für diese Annahme liegt an der kennfeldbasierten Abbildung des ATL, der als Eingangsgröße weder die Abgastemperatur noch den Druck des Abgasrohrs (Stauaufladung) benötigt. Die Rückwirkungen des Drucks im Auslasssammelrohr auf das Summendrehmoment um die Kurbelwelle könnten durch die Erweiterung des vorliegenden Modells um ein nachgeschaltetes Behältermodell berücksichtigt werden.

Die DGLn der Zustandsänderungen (**Tabelle 2-3**, Gleichung (2.7-2.11)) beruhen auf dem 1. Hauptsatz der Thermodynamik, dem Energieerhaltungssatz und dem 2. NEWTON'schen Axiom. Eine ausführliche Herleitung der Gleichungen des Streckenmodells Zylinderbrennraum sind [Pis2002, Sch2000, Url1995, Eif2009] zu entnehmen. Dort finden sich ebenfalls alternative oder ergänzende Abbildungsmöglichkeiten der Verbrennung (z.B. Doppel-VIBE-Ansatz) sowie der Verlustberechnungen (Kühlung, Undichtigkeit, Ladungswechsel), auf deren Darstellung deshalb hier verzichtet wird.

$\ddot{\varphi} = \dfrac{1}{J_{red}} \cdot \sum T_x = \dfrac{1}{J_{red}} \cdot \left((T_{cmb} + T_{mosc} - \overline{T}_{fr}) - T_{ldg} \right)$	Winkelbeschleunigung. 2. NEWTON'sches Axiom (Drallsatz)	(2.7)
$\dot{p}_{Cyl} = \dfrac{R}{c_v \cdot V_z} \cdot \left[\dfrac{dQ_{Cmb}}{d\varphi} - \left(1 + \dfrac{c_v}{R} \right) \cdot p_{Cyl} \cdot \dfrac{dV_z}{d\varphi} \right] \cdot \dot{\varphi}$	Zylinderdruckänderung	(2.8)
$\dot{m}_{fuel} = \dfrac{1}{H_u} \cdot \dfrac{dQ_{Cmb}}{d\varphi} \cdot \dot{\varphi}$	Kraftstoffmassenstrom	(2.9)
$\dfrac{dQ_{Cmb}}{d\varphi} = \dfrac{Q_{Cmb,sum}}{\varphi_{cl}} \cdot a_{Cmb} \cdot (m_{Cmb} + 1) \cdot \left(\dfrac{\varphi}{\varphi_{cl}} \right)^{m_{Cmb}} \cdot e^{-a_V \cdot \left(\frac{\varphi}{\varphi_{cl}} \right)^{(m_{Cmb}+1)}}$	Wärmeenergieänderung in einem Zylinder. VIBE-Funktion.	(2.10)
$\dot{Tmp}_{Cyl} = \dfrac{1}{c_v \cdot m_L} \cdot \left[\dfrac{dQ_{Cmb}}{d\varphi} \left(1 - c_v \cdot Tmp_{Cyl} \cdot \dfrac{1}{H_u} \right) - p_{Cyl} \cdot \dfrac{dV_z}{d\varphi} \right] \cdot \dot{\varphi}$	Temperaturänderung in einem Zylinder durch Wärmezufuhr.	(2.11)

Tabelle 2-3: DGLn des Null-dimensionalen Streckenmodells des Zylinderbrennraums

Während des Arbeitszyklus wird dem System über die Brennraumwände Energie in Form von Abwärme (**2.12**) entzogen. Diese Verluste werden im Modell durch den WOSCHNI-Ansatz zur Berechnung der mittleren Wärmeübergangszahl α_G berücksichtigt.

$$\dot{Q}_W = \alpha_G \cdot A_W \cdot (Tmp_{Cyl} - Tmp_W) \tag{2.12}$$

$$\alpha_G = 0{,}013 \cdot d_{Pis}^{-0,2} \cdot p_{Cyl}^{0,8} \cdot Tmp_{Cyl}^{-0,53} \cdot \left[C_1 \cdot c_m + C_2 \cdot \frac{V_{H,Cyl} \cdot Tmp_{InCl}}{p_{InCl} \cdot V_{InCl}} \cdot (p_{Cyl} - p_0) \right]^{0,8} \tag{2.13}$$

15

In [Url1995, Spi2007] werden für die experimentell zu bestimmenden Konstanten phasen- und einspritzspezifische Standardwerte angegeben:

$C_1 = 6{,}18 + 0{,}417 \cdot \dfrac{c_u}{c_m}$	Während der Ladungswechselphase
$C_1 = 2{,}28 + 0{,}308 \cdot \dfrac{c_u}{c_m}$	Kompressions-/Expansions-/Verbrennungsphase
$C_2 = 3{,}24 \cdot 10^{-3}$ [m/sK]	DI-Dieselmotoren
$C_2 = 6{,}22 \cdot 10^{-3}$ [m/sK]	Vorkammer-Dieselmotoren

Tabelle 2-4: Koeffizienten der WOSCHNI-Gleichung

Der so berechnete Wandwärmeverlust mindert den während der Verbrennungs- und Kompressionsphase entstehenden Druck im Zylinder. Das führt zu einer kleineren resultierenden Gaskraft und folglich zu einem geringeren, durch die Tangentialkraft aus der Verbrennung sowie der Kompression-Expansion induzierten Drehmoment T_{Cmb}, **(2.14)** [Url1995, Pis2002].

$$T_{cmb}(\varphi) = \frac{V_{H,Cyl}}{2} \cdot p_{Cyl}(\varphi) \cdot \left(\sin\varphi + \frac{\lambda}{2} \cdot \frac{\sin 2\varphi}{\sqrt{1 - \lambda^2 \cdot \sin^2 \varphi}} \right) \tag{2.14}$$

Bild 2-5 zeigt exemplarisch den Gesamttangentialkraftverlauf, der sich als Summe aus der Gastangentialkraft $F_{Cmb,t}$ und dem oszillierenden Tangentialkraftanteil $F_{mosc,t}$ eines Einzylindertriebwerks über dem Kurbelwinkel φ ergibt.

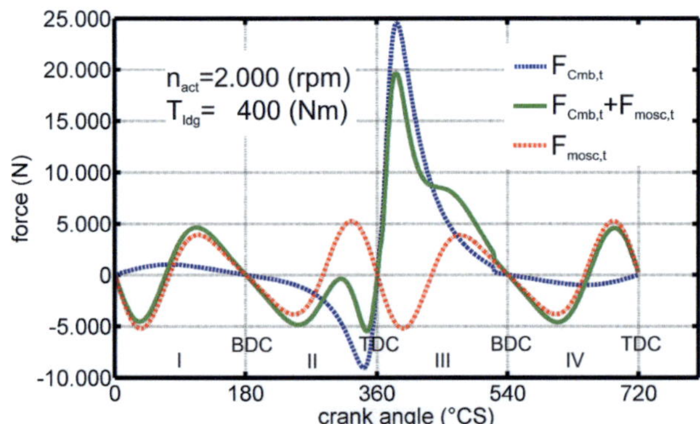

Bild 2-5: Tangentialkraftverlauf

Analog zur Umsetzung im Modell beginnt der aus 4 Takten bestehende Arbeitszyklus im oberen Totpunkt (TDC) bei $\varphi = 0\,°CS$ mit dem Ansaugtakt I. In Takt II erfolgt die Kompression, in Takt III der Arbeitsprozess und das Ausschieben im Takt IV endet im TDC bei $\varphi = 720\,°CS$.

ZR-Darstellung der Regelstrecke (mech. System und Verbrennungssystem)

Zusammenfassend gelten für einen Zylinder die in die ZR-Darstellung überführten Zusammenhänge aus (**2.15**):

$$
\begin{array}{lll}
\underline{\text{Eingangsgrößen}} & \underline{\text{Zustandsgrößen}} & \underline{\text{Ausgangsgrößen}} \\[2mm]
u_1(t) = Q_{Cmb,sum}(t) & x_1(t) = \varphi(t) & y_1(t) = x_2(t) \\[1mm]
u_2(t) = T_{ldg}(t) & x_2(t) = \dot{x}_1(t) = \dot{\varphi}(t) & y_2(t) = b_e(t) \\[1mm]
u_3(t) = p_{TC}(t) & x_3(t) = p_{Cyl}(t) & \\[1mm]
 & x_4(t) = Tmp_{Cyl}(t) &
\end{array}
\tag{2.15}
$$

$\underline{\text{Z-DGL-System}}$

$$
\dot{x}_1(t) = x_2(t)
$$

$$
\dot{x}_2(t) = \frac{1}{J_{red}} \cdot \sum T_x = \frac{1}{J_{red}} \cdot \left((T_{cmb}(t) + T_{mosc}(t) - \overline{T}_{fr}(t)) - u_2(t) \right)
$$

$$
\dot{x}_3(t) = \frac{R}{c_v \cdot C(t)} \cdot \left[A(t) - \left(1 + \frac{c_v}{R}\right) \cdot x_3(t) \cdot D(t) \right] \cdot x_2(t)
$$

$$
\dot{x}_4(t) = \frac{1}{c_v \cdot m_L} \cdot \left[A(t)\left(1 - c_v \cdot x_4(t) \cdot \frac{1}{H_u}\right) - x_3(t) \cdot D(t) \right] \cdot x_2(t)
$$

Die Funktionen $A(t), B(t), C(t)$ und $D(t)$ beinhalten die bereits dargestellten kinematischen und thermodynamischen Zusammenhänge der Regelstrecke und dienen nur der besseren Lesbarkeit. Ihre vollständige Darstellung sowie die Überführung in die Vektorform finden sich im **Anhang A.1** dieser Arbeit.

Das Modell eines Mehrzylindermotors kann unter Beachtung der Zündfolge durch einfache Vektoraddition der Z-DGLen mehrerer Zylinder gebildet werden. Die unterschiedlichen Bauformen (Reihe, Stern, Boxer, W) werden in den Startwerten des Motormodells durch einen Vektor mit den entsprechenden Zylinderstellungen berücksichtigt. Die allgemeine ZR-Darstellung eines Mehrzylindermotors zur rechnergestützten Lösung der vorgestellten Anfangswertaufgabe ergibt sich nach (**2.16**) zu:

$$\dot{\bar{\bar{x}}}(t) = \bar{\bar{f}}(\bar{\bar{x}}(t), \bar{\bar{u}}(t)) \quad mit \quad \bar{\bar{x}}(t_0) = \bar{\bar{x}}_0$$
$$\bar{\bar{y}}(t) = \bar{\bar{g}}(\bar{\bar{x}}(t), \bar{\bar{u}}(t)) \tag{2.16}$$

Bei Vernachlässigung der Zeitabhängigkeit der Signale ergibt sich die konkrete nicht-lineare ZR-Darstellung für einen z-Zylindermotor zu:

$$\dot{\bar{x}}_1 = (\dot{\varphi}_1, \ddot{\varphi}_1, \dot{p}_1, T\dot{m}p_1)^T = f_1(\varphi_1, \dot{\varphi}_1, p_1, Tmp, m_{inj,1}, p_{TC,1}, T_{ldg})$$
$$\dot{\bar{x}}_2 = (\dot{\varphi}_2, \ddot{\varphi}_2, \dot{p}_2, T\dot{m}p_2)^T = f_2(\varphi_2, \dot{\varphi}_2, p_2, Tmp, m_{inj,2}, p_{TC,2}, T_{ldg})$$
$$\vdots$$
$$\dot{\bar{x}}_z = (\dot{\varphi}_z, \ddot{\varphi}_z, \dot{p}_z, T\dot{m}p_z)^T = f_z(\varphi_z, \dot{\varphi}_z, p_z, Tmp, m_{inj,z}, p_{TC,z}, T_{ldg})$$
$$\bar{y} = g\begin{pmatrix} \begin{pmatrix} \varphi_1 & \cdots & Tmp_1 \\ \vdots & \ddots & \\ \varphi_z & & Tmp_z \end{pmatrix}, \begin{pmatrix} m_{inj,1} \cdots T_{ldg} \\ \vdots \\ m_{inj,z} \cdots T_{ldg} \end{pmatrix} \end{pmatrix} \tag{2.17}$$

Diese Darstellung wird in **Abschnitt 2.3** aufgegriffen und bei der Implementierung des Streckenmodells programmseitig umgesetzt.

2.1.2 Aufladesystem

In modernen Dieselmotoren für mobile Arbeitsmaschinen sind zur Leistungssteigerung in der Regel Aufladesysteme integriert. Dadurch werden, auch als Downsizing bekannt, die Literleistung erhöht und der Raumbedarf, die Geräuschemissionen, der Verbrauch sowie die Schadstoffemissionen verringert [Pis2002, Gol2005]. Bei den Aufladesystemen für Verbrennungsmotoren werden verschiedene Bauarten unterschieden, deren charakteristische Merkmale und Funktionsprinzipien im Folgenden beschrieben werden.

Mechanische Aufladesysteme, die entweder nach dem Verdrängerprinzip (Roots-Gebläse) oder nach dem Strömungsprinzip (Radial- oder Axialgebläse) arbeiten, werden direkt mechanisch vom Dieselmotor angetrieben. Aufgrund ihres vergleichsweise niedrigen Druckverhältnisses ($\leq 1,6$) sind sie in Motoren für mobile Arbeitsmaschinen aber wenig verbreitet [Pis2002].

Üblicherweise kommen dort Systeme mit **Abgasturboaufladung** (ATL) zum Einsatz. Sie bestehen aus einer Turbine und einem Verdichter, die mechanisch über eine Welle miteinander verbunden sind. Die mit dem heißen Abgasmassenstrom beaufschlagte Turbine treibt über die Welle den Kompressor an, der für eine erhöhte Zylinderfüllung sorgt. Um die Ladedruckerzeugung den verschiedenen Betriebszuständen des Motors anzupassen, werden verschiedene Konstruktionsvarianten und Anordnungen von ATLn verbaut.

Als Erweiterung zum beschriebenen Aufbau kann abgasseitig ein Bypassventil (**Wastegate**) installiert werden, um Abgase an der Turbine vorbei direkt in den Auspuff zu führen. Diese Variante findet bei Laderauslegungen Anwendung, die schon bei niedrigen und mittleren Drehzahlen einen hohen Ladedruck bereitstellen. Durch den Stelleingriff der Ladedruckregelung, was dem Öffnen des Bypassventils entspricht, wird bei hohen Drehzahlen ein weiterer Anstieg der Laderdrehzahl und folglich des Ladedrucks unterbunden.

Eine jüngere Ladervariante sieht eine **variable Turbinengeometrie** vor (VTG). Dabei wird die ansonsten starre Einlaufspirale zum Turbinenrad durch verstellbare Turbinenleitschaufeln ersetzt. Das führt auch bei niedrigen Drehzahlen zu einem dynamisch verbesserten Ansprechverhalten und zur Verkleinerung des „Turbolochs", [Hoe2000].

Eine weitere Variante ist der **Stufenlader** (z.B. zwei Stufen beim Twin Turbo), der eine Reihenschaltung von Abgasturboladern unterschiedlicher Größe darstellt. Der Abgasmassenstrom wird bei niedrigen Drehzahlen über den bei höherem Druck arbeitenden kleineren Lader geführt. Mit steigender Drehzahl wird der größere Lader zunehmend durchströmt und dient als Vorverdichter des kleineren Laders. Die mehrstufige geregelte Aufladung ermöglicht eine stufenlos variable Anpassung des Ladedrucks an den aktuellen Betriebszustand des Dieselmotors [Pis2002, Hoe2000].

Beim sogenannten **Turbocompounding**, einem bereits in den 1980er Jahren bekanntem Verbundverfahren [Zin1985, Wos1990] wird die überschüssige Abgasenergie des konventionellen Laders mittels einer zweiten Turbine mechanisch zur Erhöhung des Kurbelwellenmoments genutzt.

Beim **eBooster™** wird die Laderleistung in kritischen transienten Betriebszuständen (geringer Abgasmassenstrom) durch die Einbeziehung eines Elektromotors gesteigert. Dies erfolgt entweder durch die Installation eines direkt auf der Welle des Laufzeugs eingreifenden Elektromotors, oder alternativ durch die Reihenschaltung eines elektromotorgetriebenen Strömungsverdichters als Vor- oder Nachschaltkomponente zu einem Standardturbolader [Hoe2001, Mue2002].

Die Vielfalt heutiger Aufladesysteme nimmt – auch durch die Integration elektrischer Komponenten – stetig zu [Ber2009]. Deshalb muss, wie bereits bei der Modellbildung des Dieselmotors, der Detaillierungsgrad der Abbildung des Aufladesystems nach ihrem Einsatzzweck bestimmt werden (**AM3**). Vor dem Hintergrund einer Motormo-dellbildung für die vergleichende Längsdynamiksimulation kompletter mobiler Ar-beitsmaschinen sind die Anforderungen an die Genauigkeit und Tiefe des ATL-Modells niedrig gewählt, wie **Tabelle 2-5** zeigt.

Anforderung Modellbildung		Anforderung Programmierung	
Abbildung stationärer Druckunterschiede	**AM31**	Hohe Flexibilität	**AP31**
Berücksichtigung des Ansprechverhaltens des Aufladesystems (Modellvorstellung eines konventionellen einstufigen ATL nach dem Verfahren der Stauaufladung ohne Wastegate)	**AM32**	Realisierung fester (continuous) sowie variabler (variable) Schrittweite	**AP32**
Geringer Parametrierungsaufwand	**AM33**	-	-

Tabelle 2-5: Anforderungen an die Modellbildung des Aufladesystems

Für die vorliegende Arbeit werden die erhobenen Anforderungen durch ein laufzeit-günstiges kennfeldbasiertes Modell erfüllt.

Kennfeldmodell des Aufladesystems

Der stationär mittels ATL erzeugte Ladedruck des Dieselmotors wird durch ein ge-messenes Kennfeld abgebildet. Das Kennfeld beschreibt in Abhängigkeit des vom Dieselmotor abgegebenen Drehmoments T_{ldg} bei der Drehzahl n_{act} den Ladedruck am Turboladerausgang. Dieser wird unter Vernachlässigung von Strömungsverlusten in den Rohrleitungen und Drosselverlusten an den Ventilen als Aufladedruck p_{TC} für die Zylinder angenommen. Betriebspunktabhängig können so die verschiedenen Auflade-drücke durch lineare Interpolation berechnet und dem Motormodell als Eingang zur Verfügung gestellt werden (**AM31**). Das dynamische Verhalten des Turboladers wird durch Systemidentifikation aus Messungen abgeleitet (**AM32**). Hierfür werden einem Versuchsmotor (DEUTZ BF6M1013 EC) jeweils bei niedriger (1.000 min^{-1}), mittlerer (1.500 min^{-1}) und bei hoher Drehzahl (2.000 min^{-1}) Lastmomentsprünge verschiedener Höhe aufgeprägt und die Sprungantwort des Aufladesystems, also der Ausgangsdruck des Turboladers gemessen. Aus dem Antwortverhalten wird unter der vereinfachten Annahme eines PT1-Verhaltens die mittlere Zeitkonstante T_1 bestimmt. Dieser Über-tragungsfunktion wird das Kennfeld der stationär vermessenen Ladedrücke als nicht-lineare Verstärkung vorgeschaltet, **Bild 2-6**. Diese Art der Modellbildung erfordert, ebenso wie die Vorgehensweise bei der Abbildung des Dieselmotors, die Messung von Drehzahl und Drehmoment sowie zusätzlich die Erfassung des Ladedrucks

(**AM33**). Das Modell erfüllt die Anforderung nach fester und variabler Schrittweite, da das stationäre Kennfeld nur diskrete Zustände kennt und die Reihenschaltung mit dem PT1-Glied zu keinerlei Diskontinuitäten führt (**AP32**).

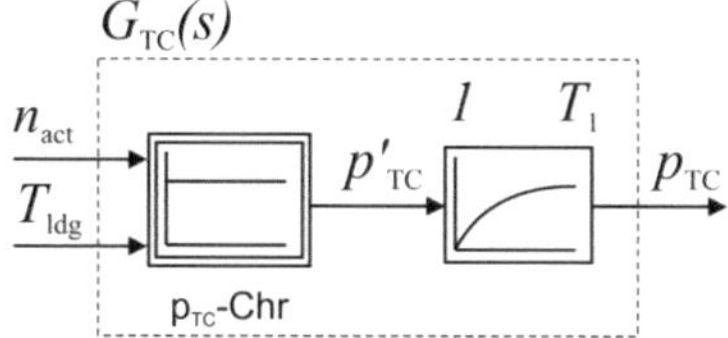

Bild 2-6: Modellbildung des Aufladesystems

Das erstellte Modell weist in Hinblick auf die Erweiterbarkeit eine hohe Flexibilität auf (**AP31**). Bei umfangreichen Messungen kann beispielsweise ein künstliches neuronales Netz trainiert und dadurch die als einfaches PT1-Glied angenommene Übertragungsfunktion $G_{TC}(s)$ des Aufladesystems ersetzt werden. Eine andere Möglichkeit besteht in der Integration eines Behältermodells als Sammelrohr für die Abgase aus den Zylindern mit Nachschaltung eines kennfeldbasierten empirisch-/physikalischen Modells oder eines vereinfachten Hammerstein-Modells für den Abgasturbolader [Sin2000].

Bei der Modellbildung komplexer Systeme ergeben sich nicht alleine die Fragestellungen nach den Möglichkeiten der mathematischen Abbildung, sondern vielmehr nach einer geeigneten Abbildungstiefe und dem damit einhergehenden Aufwand der Parametrierung. Deshalb stehen bei der Modellbildung des Dieselmotors die Parameter der Gleichungen (**2.1-2.14**) und deren Verfügbarkeit im besonderen Fokus.

Im Folgenden werden Möglichkeiten der approximativen Bestimmung oder Berechnung unbekannter Größen aufgezeigt. Als Alternative werden die aus einschlägiger Literatur bekannten Parameter als Standardwerte zur Modellparametrierung angegeben. Parameter, deren Wertevariation innerhalb sinnvoller Toleranzgrenzen kaum zu einem veränderten Berechnungsergebnis führt, werden als nichtsensitiv bezeichnet [Sal2005]. Der sich aus einem Datenfehler in diesen Parametern ergebende Anteil am Gesamtfehler bei der Lösungsberechnung der Modellgleichungen ist vernachlässigbar gering.

2.1.3 Parameter: Sensitivität und Verfügbarkeit

Als aus den Datenblättern der Motorenhersteller bekannt vorausgesetzt werden charakteristische geometrische sowie konstruktiv-technologische Parameter, vgl. [Agc2009, Deu2009, Man2009]. Zu diesen zählen: der Kurbelradius r, das Schubstangenverhältnis λ, die Pleuellänge l, das Hubvolumen V_H, die Zylinderzahl z, die Bohrung d_{Pis}, das Verdichtungsverhältnis ε und die Zündfolge. Die Kolbenfläche A_{Pis} sowie die anderen auf den einzelnen Zylinder bezogenen geometrischen Größen sind daraus in guter Näherung berechenbar. Die vorgegebenen Standardparameterwerte der Gleichungen des mathematischen Modells liegen innerhalb der physikalisch-/ empirisch sinnvollen Grenzen. Für den Anwender stellt sich bei der Festlegung der für die Abbildung eines speziellen Motors unbekannten Parameterwerte die Frage nach der erforderlichen Genauigkeit in Hinblick auf eine hohe Ergebnisgüte. Die nachfolgend durchgeführte Sensitivitätsanalyse gibt Auskunft darüber, welche Parameter bereits bei kleinen Änderungen zu großen Abweichungen in den Simulationsergebnissen führen. Ergänzend belegt sie, welche Parameter einen geringen Einfluss auf das stationäre sowie dynamisch ermittelte Simulationsergebnis haben.

Sensitivitätsanalyse

Im Folgenden werden ausgewählte Modellparameter des Parametervektors $\bar{p} = (p_1, ..., p_z)^T$ isoliert auf ihre Sensitivität untersucht. Bei Konstanthalten aller übrigen Parametergrößen auf ihrem Standardwert (im mittleren Bereich des betrachteten Werteintervalls) wird der zu untersuchende Parameterwert p_i in Richtung $p_{i,min}$ der unteren sowie $p_{i,max}$ der oberen Wertebereichsgrenze verschoben. Die Auswirkung dieser Veränderung wird in Relation zur Ursprungskonfiguration anhand einer Wirkungsgradbetrachtung des Gesamtsystems Dieselmotor angegeben. Zur Untersuchung wird in der Simulation von einem geregelten Dieselmotor ohne ATL ein Testszenario durchfahren.

Zu Simulationsbeginn beträgt die Motordrehzahl $n_0 = 1.000\ \mathrm{min^{-1}}$, das Lastmoment $T_{ldg,0} = 100\ \mathrm{Nm}$ und die vom Regler vorgegebene Einspritzmenge $m_{inj,0} = 14,9\ \mathrm{mg}$. Das entspricht bei einem Heizwert von $H_u = 42,8\ \mathrm{MJ/kg}$ einem Gesamtwirkungsgrad η_0 von 25,66 %. Während der Simulationszeit von 30 s wird zunächst ein Störgrößensprung und im Anschluss ein Führungsgrößensprung aufgeschaltet, vgl. **Bild 2-7**.

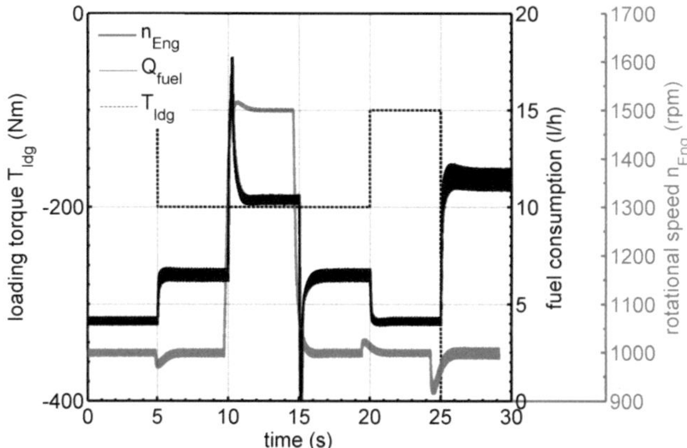

Bild 2-7: Stör- und Führungsgrößensprung zur Untersuchung der Parametersensitivität

Die Beurteilung der Abweichung aufgrund veränderter Parameterwerte erfolgt auf Basis der angenommenen Standardwerte anhand der prozentualen Differenz der arithmetischen Mittelwerte $\overline{\eta}_{sta,p_{i,x}}$ und der Streuungsmaße Spannweite R_η sowie $Q_{0,25,\eta}$, dem unteren bzw. $Q_{0,75,\eta}$, dem oberen Quartilswert.

Für die Untersuchung der Auswirkungen auf den stationären Betrieb werden nur Zeitintervalle berücksichtigt, in denen sowohl bei Verwendung des Standard- als auch des geänderten Parameterwerts die Drehzahlen stationäre Verläufe aufweisen, **Bild 2-8** (hellgrau hinterlegter Bereich). Durch die Implementierung eines entsprechenden Algorithmus wird sichergestellt, dass die Verteilung der Merkmalswerte über der Zeit (und damit über den Sollwertvorgaben) bei der Bestimmung der genannten Vergleichskennzahlen identisch ist. Als Kriterium für Stationarität wird ein moderater Gradient der Drehzahlmittelwerte zweier aufeinanderfolgender Rechteckfenster der Länge 100 ms festgelegt, was die Dynamikeinflüsse der modellierten Drehschwingungsverläufe neutralisiert. Das Resultat besteht in einer quantitativen Aussage über die simulationsseitig bestimmte Wirkungsgradänderung bei einer Parameterwertanpassung im vorliegenden Szenario.

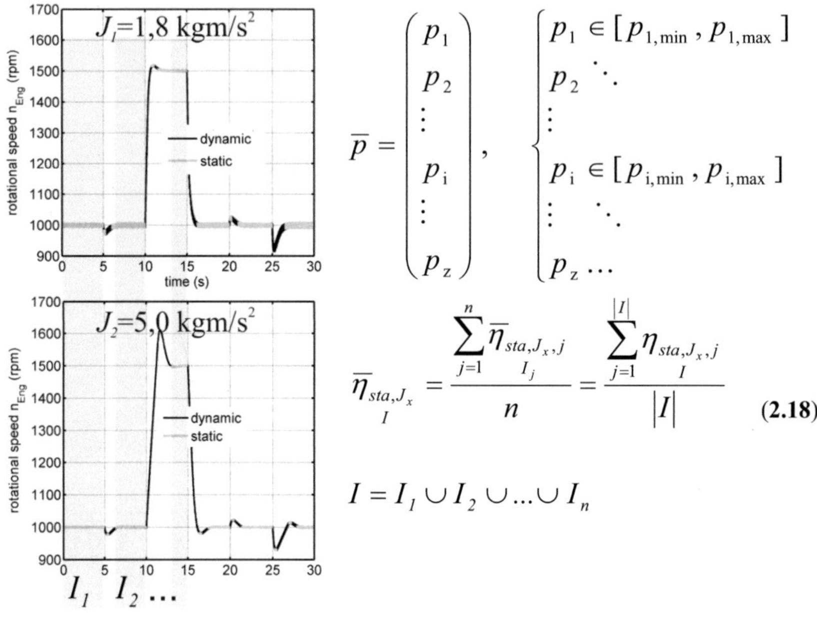

$$\overline{p} = \begin{pmatrix} p_1 \\ p_2 \\ \vdots \\ p_i \\ \vdots \\ p_z \end{pmatrix}, \quad \begin{cases} p_1 \in [p_{1,\min}, p_{1,\max}] \\ p_2 \quad \ddots \\ \vdots \\ p_i \in [p_{i,\min}, p_{i,\max}] \\ \vdots \quad \ddots \\ p_z \cdots \end{cases}$$

$$\overline{\eta}_{sta,J_x \atop I} = \frac{\sum\limits_{j=1}^{n} \dfrac{\overline{\eta}_{sta,J_x,j}}{I_j}}{n} = \frac{\sum\limits_{j=1}^{|I|} \dfrac{\eta_{sta,J_x,j}}{I}}{|I|} \tag{2.18}$$

$$I = I_1 \cup I_2 \cup \ldots \cup I_n$$

Bild 2-8: Verfahren zur Bestimmung statischer Vergleichskennzahlen für die Sensitivitätsanalyse am Beispiel des Motorträgheitsmoments

Die Vorgehensweise bei der Bestimmung der dynamischen Vergleichskennzahlen ist identisch. Das erzielte Ergebnis hängt aber zusätzlich zu den Einflüssen des veränderten Parameterwerts stark von den voreingestellten Regelparametern ab. Dennoch erlaubt die Untersuchung – unter der Annahme einer unveränderten Reglereinstellung – qualitative Aussagen über den Wirkungsgradtrend im transienten Betrieb bei einer entsprechenden Parameterwertanpassung. Sie resultiert sowohl in einem veränderten Unter- als auch Überschwingen der Drehzahl, im Vergleich zum Verlauf bei Verwendung der Standardparameter. Das führt zu einem veränderten Wirkungsgradverlauf. Ein exakt symmetrisches Verhalten im Verlauf der Wirkungsgradabweichungen zwischen dem Ursprungsverlauf bei Verwendung der Standardparameter und dem neuen Verlauf mit variiertem Parameter kann trotz großer Differenzen des ursprünglichen Verlaufs mit dem Vergleichsverlauf zu identischen arithmetischen Mittelwerten $\overline{\eta}_{dyn,p_{i,x}}$ führen. In diesen Fällen sind die Spannweite und die Quartilswerte von beson-

sie die starken Abweichungen belegen und den großen Einfluss
rung widerspiegeln.

Δ (%) statisch				Δ (%) dynamisch			
$\overline{\eta}_{sta}$	R_η	$Q_{0,25,\eta}$	$Q_{0,75,\eta}$	$\overline{\eta}_{dyn}$	R_η	$Q_{0,25,\eta}$	$Q_{0,75,\eta}$
0,21	2,20	-0,20	-0,12	**13,14**	0,81	-10,43	-0,97
0,10	-7,29	0,47	1,14	**-5,41**	-3,71	7,77	-3,52
0,10	-0,11	0,08	0,12	0,15	0,01	0,19	0,14
-0,10	2,0	-0,08	-0,09	-0,03	0,01	-0,12	-0,20
-17,34	0,17	-17,50	-15,30	**-13,96**	0,40	-18,06	-7,79
6,94	3,77	4,45	7,34	**7,36**	-0,42	5,02	11,06
-2,71	-1,66	-2,58	-2,64	**-2,56**	0,08	-2,67	-2,83
1,15	2,52	1,72	1,57	0,99	0,01	1,43	1,29
-12,96	-17,66	-13,52	-13,88	**-10,58**	0,18	-13,86	-7,71
0,58	-0,17	0,00	0,00	0,77	-0,10	0,27	0,03
-2,13	-0,40	-0,47	-1,81	**-2,53**	0,18	-1,16	-3,12
-2,13	-2,34	-3,39	-2,09	-1,76	-0,01	-3,17	-1,43
0,51	0,51	0,43	0,52	0,49	-0,01	0,46	0,57
-0,68	1,09	-0,62	-0,68	-0,65	0,02	-0,62	-0,80
-0,41	1,94	0,00	0,00	-0,49	0,07	-0,35	-0,03
2,40	3,03	2,22	2,30	**2,37**	-0,07	2,49	2,29
0,00	0,57	0,00	0,00	0,03	0,08	0,04	0,03
-0,07	2,74	-0,8	-0,03	0,00	-0,35	-0,08	-0,14
0,00	0,00	0,00	0,00	0,00	0,00	0,00	0,00
0,00	0,00	0,00	0,00	0,00	0,00	0,00	0,00
-8,21	-4,92	-9,06	-7,96	**-7,09**	0,16	-9,02	-6,29
6,13	4,35	6,83	5,96	**5,80**	-0,12	6,80	6,21
-0,81	0,46	-1,01	-0,74	-0,74	0,01	-0,97	-0,66
1,69	3,77	2,03	1,57	1,63	-0,04	2,05	1,26

Ist-Drehzahl auf 0 min^{-1} fällt. $a = \pi \left(\dfrac{d_{Pis}}{2} \right)^2$

Tabelle 2-6: Sensitivität der Modellparameter

der Sensitivitätsanalyse können die gewünschten Rückschlüsse
n Aufwand bei der Parameterwertbestimmung für das Modell
ie durch fette Schrift hervorgehobenen Parameterwerte haben
ngsgrad als relevant identifizierten Einfluss. Die Bestimmung
nachfolgend betrachtet.

Modellparametrierung

Aus **Tabelle 2-6** geht hervor, dass die auf die Kurbelwelle redu
trägheit J_{red} des Dieselmotors den transienten Wirkungsgradve
Folglich muss bei der Gesamtmaschinensimulation die Bestimm
dann möglichst genau sein, wenn die Summe der zu beschleunig
ten im Vergleich zu J_{red} klein ist. Sie kann bei Kenntnis einer V
und materialspezifischer Größen über den Steiner-Ansatz nach
werden. Da diese dem Anwender in der Regel nicht vorliegen,
modifizierten Auslaufversuch ohne großen Messaufwand besti
wird der Dieselmotor ohne äußere Last mit einer Drehzahl $n_0 =$
Mit der empirischen Gleichung (**2.6**) ergibt sich das anliegende
$\overline{T}_{fr}$ zu 119 Nm. Der Pedalwert des laufenden Motors wird z
schlagartig auf 0 % zurückgenommen. Dann wird, ohne die Zuf
Zeit Δt bis zum Erreichen der Drehzahl $n_1 = 1.000$ min^{-1} geme
heit lässt sich jetzt durch den Ansatz in (**2.19**) mit ausre
[Krü2006] berechnen.

$$J_{red} = \frac{\Delta t}{2\pi \cdot (n_0 - n_1)} \cdot \overline{T}_{fr}$$

Die Annahme einer konstanten spezifischen volumetrischen W
Verbrennungsgemischs führt sowohl bei der stationären als auc
Wirkungsgradbestimmung zu hohen $\overline{\eta}$-Abweichungen (bis $> \pm$
für die Zylinderdruckberechnung die in [Pis2002] dargestell
Luftverhältnis λ im Brennraum, von der Lufttemperatur Tmp
druck p_{Cyl} in Form hinterlegter Kennfelder berücksichtigt.

Aufgrund des großen Einflusses der Prozessparameter Verbr
Verbrennungsbeginn $\varphi_{Cmb,cb}$ und Formfaktor m_{Cmb} (vgl. [Vib19
diese sowohl bei der Modellierung der Verbrennung eines Mo
Abbildung der Verbrennungsprozesse verschiedener Motor
maschinensimulation nur bei Akzeptanz großer Differenzen zu
lauf als konstant angenommen werden. Andernfalls müssen die
linderdruckindizierung nach [Vib1970] aus vermessenen Refer
werden. Soll dieser Aufwand im Rahmen der Antriebsstrangsim
werden, so können für eine Näherung die Parameter durch dre

werden. Das Ziel der so vorgenommenen Parameterwahl be-
möglichst realitätsnahe Zylinderdruck- oder Temperaturverläu-
en, um diese mit den Werten eines Indikatordiagramms zu ver-
ird auf dieser Betrachtungsebene durch die Schätzung der Pro-
$\varphi_{Cmb,cb}$, m_{Cmb} versucht, den in den drei Messungen bestimmten
nd den des vorgestellten Modells zu einer guten Deckung zu
gen erfordern die Erfassung der Motordrehzahl, des Drehmo-
s sowie des Kraftstoffverbrauchs. Dem Motor werden für je-
ine mittlere und eine hohe Drehzahl ein kleines, ein mittleres
moment aufgeprägt. Die gemessenen Größen werden dann he-
rozessparameter der einzelnen angefahrenen Arbeitspunkte fest-
orientiert sich an Vergleichswerten realer Motoren [Mül1996]
der in [Pis2002] vorgegebenen sinnvollen Grenzen. Im Hinblick
rozessbetrachtung im Zylinder ist von dieser Vorgehensweise
n der als Ziel definierten Wirkungsgradbetrachtung des Diesel-
s Gesamtmaschinenmodells erscheint sie als ein probates Mittel,
etrierung erforderlichen Messaufwand zu senken. So können die
und der Kraftstoffverbrauch im einfachsten Fall direkt vom
und das Drehmoment über eine Kraftmessdose aus dem Stütz-
estimmt werden.

sowohl auf den stationären als auch auf den dynamischen Wir-
die Variation der wärmeübertragenden Kolbenfläche $A_{Pis,Wo}$.

stimmung der Kolbenfläche ist mit der Angabe der Bohrung in
rechenbar. Für die Bestimmung der Wärmeverluste über die
h WOSCHNI ist aber die Form des in der Projektion einfach als
aren Kolbenbodens von Bedeutung. Da diese in der Regel un-
r von einem ω-Brennraum ausgegangen und die Fläche ge-
echten Annahme von $A_{Pis,Wo}$ ist, im Abgleich mit den drei erfor-
ein systematischer Fehler in der Verlustberechnung anhand der
zwischen Simulation und Messschrieb erkennbar. Dieser kann
tur von $A_{Pis,Wo}$ ausgeglichen werden, was zu einem für dieses
rameterwert führt und die Verlustberechnung ermöglicht.

nsitivitätsuntersuchung beschränkt sich auf ein vorgegebenes
er deutlich die Trendentwicklung des Motorwirkungsgrads in

Abhängigkeit der isolierten Parameterveränderungen auf. Ei
Auswirkungen einer simultanen Variation mehrerer Paramete
zielführend, da sie nur bedingt praktische Hinweise zur Modellp

2.2 Modellierung des Motorreglers

Der Motorregler hat die Primäraufgabe, die betriebspunktspezif
-lage und -dauer zu bestimmen. Über die Verstellung der Dosie
systems kann dem Fahrerwunsch nach einer vorgegebene
einem vorgegebenem Solldrehmoment entsprochen werden. Zu
sche Arbeitspunkte wie eine Überdrehzahl oder das Untersch
Mindestdrehzahl (Absterben des Motors) durch entsprechend
Zusatzmengen vermieden.

Mechanischer Motorregler

Seit der Erfindung des Dieselmotors kommen mechanische Re
für Motoren mobiler Arbeitsmaschinen relevanten mechanischer
tional in Enddrehzahlregler, Leerlauf-Enddrehzahlregler und A
schendrehzahlregelung) unterteilt. Details zum konstruktiven ,
kraftregler ausgeführten mechanischen Messwerke finden sich i

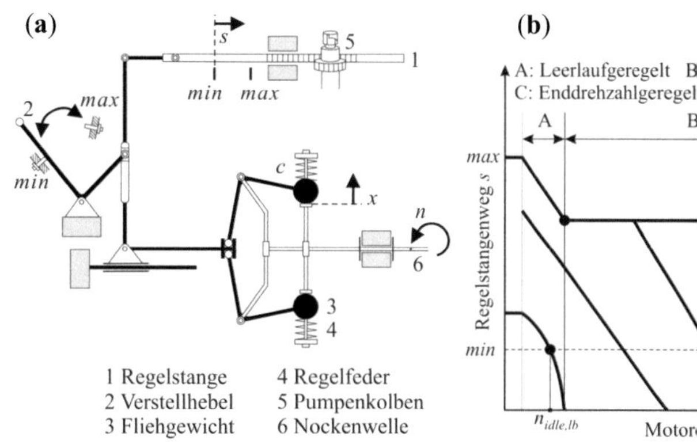

Bild 2-9: (a) Aufbau des RQ-Reglers (b) Regelkennfeld des RQV

ipielhaft den schematischen Aufbau eines RQ-Fliehkraftreglers
(regler). Bild 2-9 **(b)** verdeutlicht die Funktionsweise eines
ers inklusive Leerlauf-Enddrehzahlregelung anhand seines Re-
gelstangenweg s des Kennfelds ist proportional zur Sollein-
iglich der inneren Verluste des Gesamtsystems Motor für die
ien Drehmoments steht. Bei einer reinen Enddrehzahlregelung
reiten der oberen Volllastdrehzahl infolge einer Motorentlastung
und damit die Einspritzmenge reduziert (**C**).

zahlregler erweitert diese Funktionalität, sodass bei vollständi-
Verstellhebelstellung (Verbindung zum Gaspedal) und Nulllast
ntsprechend der Leerlaufstellung der Regelstange eingebracht

ermöglicht darüber hinaus die Einhaltung des Fahrerwunschs
Drehzahl im gesamten Bereich zwischen unterer Leerlauf- und
il (**B**).

$$\delta = \frac{n_{idle,ub} - n_{ldg,ub}}{n_{ldg,ub}} \cdot 100\,\% \qquad (2.20)$$

dern einstellbare Proportionalgrad (P-Grad) δ eines Motorreg-
ß für die zu erwartende Drehzahlerhöhung $\Delta n_{Eng}\left(n_{idle,ub} - n_{ldg,ub}\right)$
ieselmotors. Ausgehend von der oberen Volllastdrehzahl $n_{ldg,ub}$
'erstellhebelstellung der Motor komplett entlastet und die Dreh-
Jrsprungsdrehzahl bezogen, vgl. Bild 2-9 **(b)**.

rregler

Jer Jahre wird die Regelung von Dieselmotoren mit elektroni-
ECU) realisiert. Ausnahmen bilden heute nur Kleingerätemoto-
ir niedrigen Technologiestufe in älteren Fahrzeugen.

d die vielfältigen Vorteile des elektronischen Motorsteuergeräts
iechanischen Regelung. Hierzu zählen die hohe Verfügbarkeit
rzeugleben, sichere Funktionalität auch unter extremen Umwelt-
i0 °C, Vibration, Verschmutzung, Feuchtigkeit), hohe Flexibili-
ilichkeit sowie die echtzeitfähige Verarbeitung von Betriebsda-
i7].

Diese ist aufgrund der steigenden Mikroprozessorleistungen tr
gangswerte, Parameterzahlen (vgl. **Bild 2-10**) und hoher Prog
währleistet.

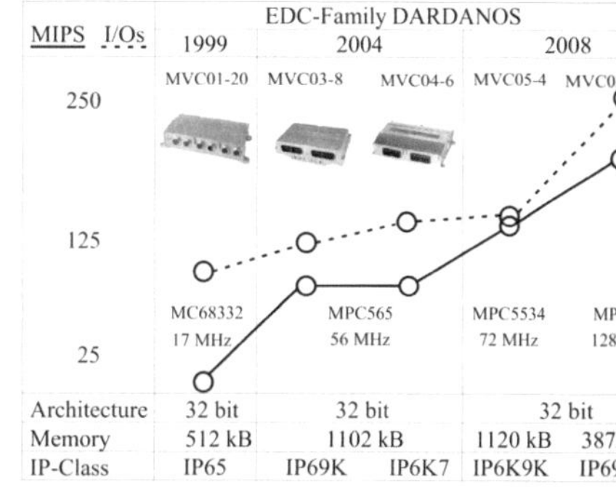

Bild 2-10: Komplexitätsentwicklung von Steuergeräten der F

In der Regel besteht ein Motorsteuergerät aus vier Hauptbaugru
Über die Eingangsbaugruppe werden die sensorisch erfassten B
Peripherie konditioniert (Begrenzung, Filterung) und zur Verar
Die Einganssignale der Sensoren sind üblicherweise analog, digi

Mittels der Ausgangsbaugruppe werden dann die Aktoren entw
Leistungsendstufen durch Schalt- und PWM-Signale angesteuert

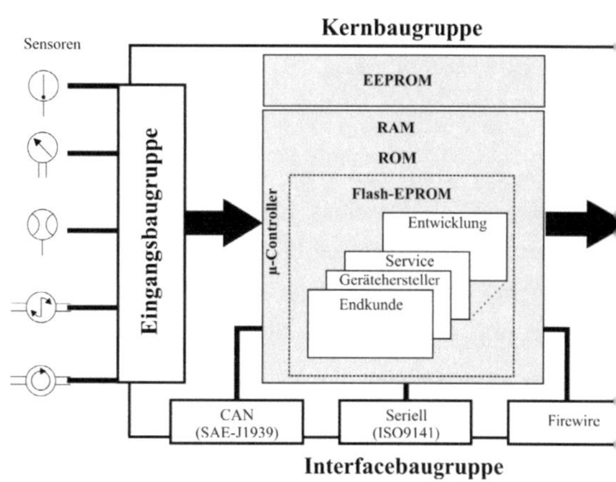

Bild 2-11: Aufbau einer ECU

, bestehend aus Mikroprozessor, Programm- und Arbeitsspei-
angssignale ausgewertet. Innerhalb des Steuergeräts erfolgt die
den Adress-/Datenbus in 8, 16 oder 32 (multiplexed)-bit-
.

– die Interfacebaugruppe – ermöglicht für die Diagnose oder
rammänderungen (Ablaufprogramm des Flash-EPROM) den
hiedenen Speicherbausteine. Übliche Schnittstellen sind CAN
rielle Schnittstelle (ISO9141) und in Zukunft die Firewire-
9a]. Herstellerseitig wird für die ECU eine Berechtigungs-
ernen Zugriff vorgegeben, so dass Parameter der einzelnen Ap-
vel) nur von entsprechend autorisierten Benutzern verändert

ie vorliegend für einen Dieselmotor konzipiert, auch Electronic
) genannt wird) ist der Regler und Stellgrößenbildner für ver-
Regelkreise und stellt eine große Vielfalt an Funktionen zur
spritzmenge bereit. Der von Motorenherstellern tatsächlich für
Funktionsumfang der Steuerungen variiert mit der Technologie-
009]. So können beispielsweise Funktionen wie eine gesteuerte
die Regelung des Spritzbeginns bei den mechanischen Ein-
n-, Verteilereinspritzpumpe) nicht realisiert werden.

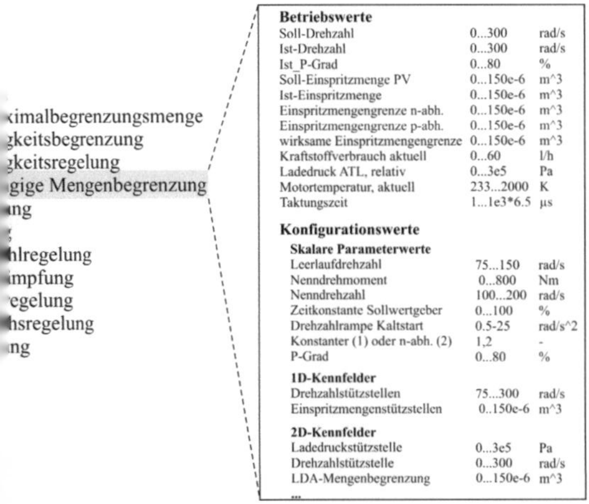

kimalbegrenzungsmenge
gkeitsbegrenzung
gkeitsregelung
gige Mengenbegrenzung
ing
;
hlregelung
impfung
egelung
hsregelung
ing

Betriebswerte		
Soll-Drehzahl	0...300	rad/s
Ist-Drehzahl	0...300	rad/s
Ist_P-Grad	0...80	%
Soll-Einspritzmenge PV	0...150e-6	m^3
Ist-Einspritzmenge	0...150e-6	m^3
Einspritzmengengrenze n-abh.	0...150e-6	m^3
Einspritzmengengrenze p-abh.	0...150e-6	m^3
wirksame Einspritzmengengrenze	0...150e-6	m^3
Kraftstoffverbrauch aktuell	0...60	l/h
Ladedruck ATL, relativ	0...3e5	Pa
Motortemperatur, aktuell	233...2000	K
Taktungszeit	1...1e3*6.5	µs
Konfigurationswerte		
Skalare Parameterwerte		
Leerlaufdrehzahl	75...150	rad/s
Nenndrehmoment	0...800	Nm
Nenndrehzahl	100...200	rad/s
Zeitkonstante Sollwertgeber	0...100	%
Drehzahlrampe Kaltstart	0.5-25	rad/s^2
Konstanter (1) oder n-abh. (2)	1,2	-
P-Grad	0...80	%
1D-Kennfelder		
Drehzahlstützstellen	75...300	rad/s
Einspritzmengenstützstellen	0..150e-6	m^3
2D-Kennfelder		
Ladedruckstützstelle	0...3e5	Pa
Drehzahlstützstelle	0...300	rad/s
LDA-Mengenbegrenzung	0...150e-6	m^3
...		

12: Funktions- und Parametervielfalt heutiger EDCs

Für Motoren in mobilen Arbeitsmaschinen sind aus Bedienersic
oben beschriebenen prozessrelevanten Funktionen wie Leerlauf
drehzahlregelung wichtig. Für die Hersteller der Maschinen is
Vielzahl weiterer Funktionen von höchster Bedeutung, da sie
das Verbrauchsverhalten des Dieselmotors maßgeblich beeinfl
Bild 2-12 zeigt einen Überblick über die Funktionsvielfalt heuti
Hei2009, Lac2004]. Darüber hinaus vermittelt sie (wenigste
Eindruck über die große Menge erforderlicher Parameter zur R
funktionen [Hei2006].

Auf Basis dieser Erkenntnisse wird für die modellseitige funk
Motorreglers eine Vorgehensweise gewählt, die von einer Mir
Parameter und Messungen ausgeht.

- Simulative Streckenidentifikation als Basis für die Regleraus
- Reglerentwurf
- Erweiterung des Regleransatzes um Zusatzfunktionalitäten a
  umfang heutiger Steuergeräte auf Basis von Messungen

2.2.1 Simulative Streckenidentifikation

Für die Reglerauslegung nach den Entwurfsprinzipien der linea
muss das erstellte mathematische Modell Verbrennungssystem
siert werden.

Durch herkömmliche Linearisierungsverfahren kann das dynam
linearer Systeme in der Umgebung eines typischen Arbeitspur
den. Ein Beispiel für ein Verfahren zur Näherung des Kleins
TAYLOR-Approximation. Da es für einen Fahrzeugdieselmotc
typischen Betriebspunkt nicht gibt (Ausnahme ist der Range-E
derer Ansatz verfolgt: Durch mehrfache simulative Streckenic
Übertragungsverhalten über einen weiten Arbeitsbereich des N
schließend wird durch eine entsprechende Approximation eine
se Funktion gebildet und dem nichtlinearen Streckenmodell
Summe ein lineares Übertragungsverhalten zu erzeugen. Anhan

den Prinzipien der linearen Regelungstechnik ausgelegt und auf
e angewandt.

stützte Analyse wird dem Versuchsträger (hier der simulativ
ecke des Dieselmotors) zunächst eine Testfunktion aufgeschal-
der Führungsantwortfunktion erlaubt dann die Ermittlung eines

er Identifikation

; bei der Identifikation stellt die Festlegung des Initialzustandes
lerweise erfolgt die Identifikation aus einem Gleichgewichts-
r liegt strenggenommen nur vor, wenn unter Konstanthalten des
rs die Änderungen der Systemzustände null sind. Dieses Verhal-
des intermittierenden Kreisprozesses im Dieselmotor und den
rehzahlschwankungen im Stationärbetrieb nicht möglich. Des-
hförmigkeitsgrad, regelungstechnisch als Grenzschwingung in-
ystemidentifikation vernachlässigt und stationäre Betriebspunk-
ustände angenommen.

bedingung geht auf das Anlass- und Startverhalten des
So läuft der modellierte Dieselmotor aus dem Ruhezustand
einfach durch die Vorgabe einer Einspritzmenge an. Vielmehr
ler Realität (Eingriff eines elektrischen Starters bis zu einer im
mierten Grenzdrehzahl), die Überwindung des maximalen
nsmoments erforderlich. Hierfür muss aber mindestens ein
tionsstart exakt den Kurbelwinkel des Einspritzzeitpunktes
Eingangsgrößenvorgabe auch tatsächlich zu einer Einspritzung
ig führt. Die erforderliche Einspritzmenge, um das Triebwerk in
en, liegt allerdings deutlich über der Leerlaufmenge des
. Der erwünschte Eingangssprung ist folglich erst nach
menge möglich. **Bild 2-13** zeigt das simulierte Startverhalten
owie eines 6-Zylinder-Triebwerks (**b**). Hierbei wird dem Motor
helage bei der Einspritzmenge 0 mg ein bis zu einem Grenzwert
oment $T_{starter}$ vorgegeben. Nach Überwindung des
ts beschleunigt die Kurbelwelle bis zu einer Grenzdrehzahl. Ab
moment weggenommen und die Einspritzung setzt ein.

(a)   **(b)**

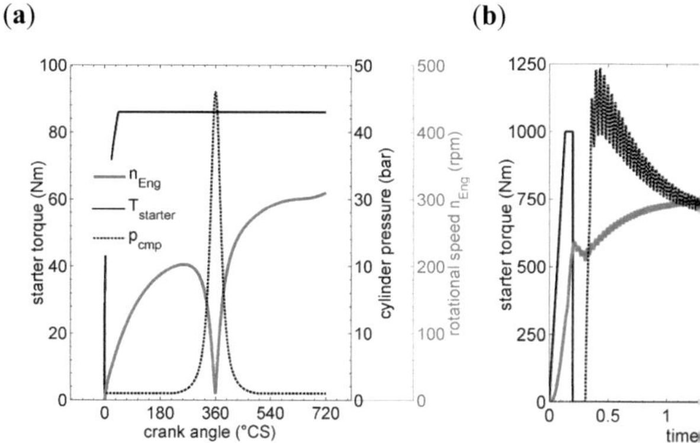

Bild 2-13: Simulierter Startvorgang **(a)** 1-Zylinder-Triebwerk **b)** 6

Mittels Energieansatz (**2.21**) lässt sich das erforderliche Grenzm
men. Es beträgt im vorliegenden Fall des modellierten 1-Zylinde

$$\Delta W = W_{starter} - W_{Eng} \qquad T_{starter,\lim} = \frac{\int\limits_{0}^{360} (T_{cmp} + T_{fr} + T_{mosc}}{360}$$

Um das Anlaufen des Motors beim Start aus der Ruhelage h
muss gewährleistet sein, dass das Arbeitspotenzial $W_{starter}$ de
tragsmäßig stets über der zu verrichtenden Kompressionsarbeit
am oberen Totpunkt ($\varphi = 360\,°CS$) anliegende Arbeitsübersch
darüber hinaus und beschleunigt das Triebwerk, vgl. **Bild 2-14**.

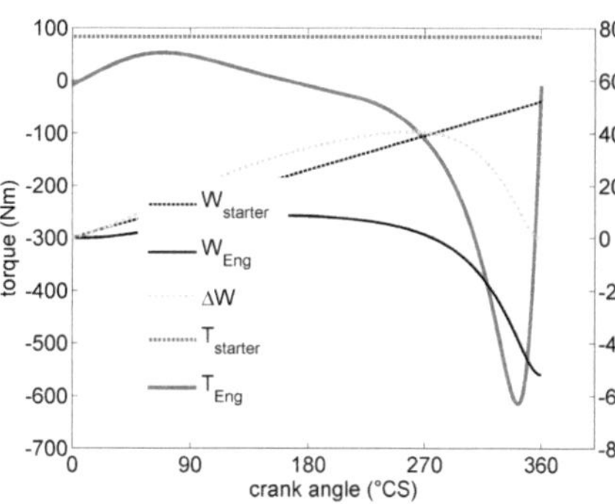

Bild 2-14: Starterauslegung mittels Energieansa

enbedingung erfolgt die Systemidentifikation aus einem frei
Betriebspunkt und nicht aus der Ruhelage heraus.

en gemäß Endwert der Sprungantwort

tragungsverhalten kann nach [Lut2007] aus dem Endwert der
:lt werden. Dafür wird der Strecke bei verschiedenen Solldreh-
egelten Zustand ein Einspritzmengenoffset Δm_{inj} vorgegeben.
$_{act}$ ergibt sich dann aus der Summe der Regelmenge $m_{inj,Ctrl}$ für
rehzahl und der Offsetmenge. Mit Aufschalten der Offsetmenge
nanismen über einen Trigger deaktiviert, so dass das Einspritzen
Eingangsgrößensprung interpretiert werden kann. Hierbei wird
$_{ct}$ beobachtet. Die Störgröße Lastmoment T_{ldg} wird während der
uf 0 gesetzt. **Bild 2-15** verdeutlicht die Vorgehensweise anhand
les verwendeten Simulationsmodells.

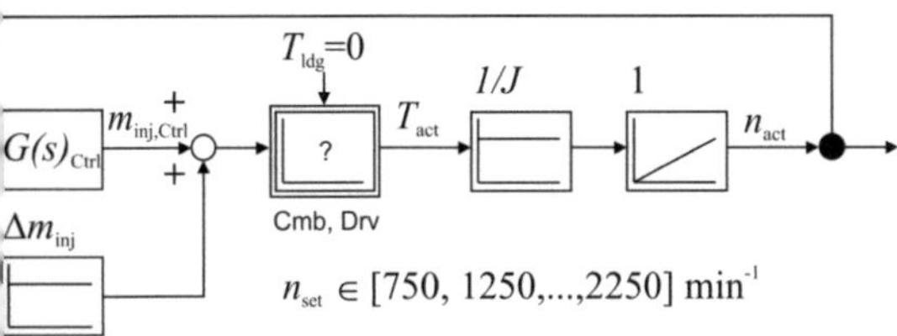

ifikation von mechanischem System und Verbrennungssystem

nisse zeigen, dass sich die
ch Aufschaltung unter-
mengensprünge in neuen
den stabilisieren. Diese
. vom Startzustand (der
espondierender stationärer
h von der Höhe des Ein-
tzmengenoffset Δm_{inj}) ab.
ɔ, handelt es sich um ein
ionales Übertragungsele-
Der verzögerte Anstieg
ment hin, **Bild 2-16**.

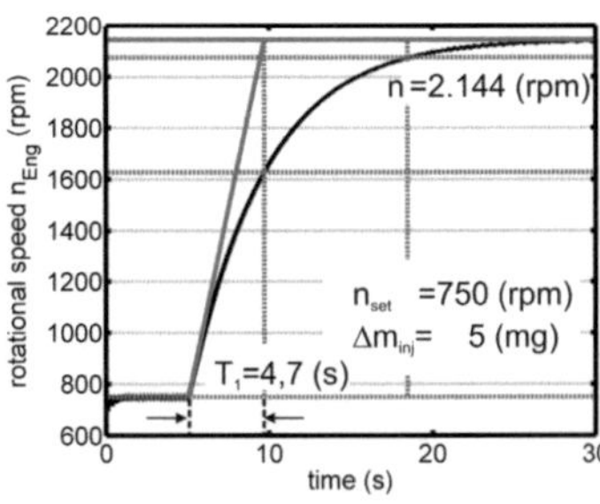

Bild 2-16: Drehzahlverlauf bei
Eingangssprung

Der beobachtbare Sprungantwortverlauf ohne Überschwingen
Schwingungen tritt nur auf, falls die Übertragungsfunktion pc
stanten aufweist. Die Regelstrecke des Dieselmotors, besteher
System und Verbrennungssystem, wird deshalb als PT_1-Eleme
die zugehörige Übergangsfunktion

$$h(t) = K_P(1 - e^{-\frac{t}{T_1}}) = 1.394 \ \text{min}^{-1}$$

müssen die statische Verstärkung K_P und die Zeitkonstante T_1
statische Verstärkung K_P kann aus der graphisch bestimmten
rechnet werden. Sie beträgt:

$$K_P = \frac{n_{act}(t \to \infty) - n_{act}(t = 5s)}{\Delta m_{inj}} = \frac{h(t)}{\Delta m_{inj}} = \frac{1.394}{5} \frac{1}{\text{mg} \cdot \text{min}} = 278,8$$

Beim Anlegen eines Einheitssprungs doppelter Höhe ergibt sich
te Verstärkung. Dieses Verhalten bestätigt die nichtlinearen
Strecke, da die für den Nachweis der Linearität einzuhaltenden I
tion, Homogenität) verletzt sind. Es zeigt sich aber, dass für di
zahlen die statischen Verstärkungen als Funktion der Offsetmen
nentialfunktionen nach (**2.24**)

$$K_{P,n} = a_n \cdot e^{b_n \cdot \Delta m_{inj}} + c_n \cdot e^{d_n \cdot \Delta m_{inj}}$$

beschrieben werden können. Eine geschlossene funktionale A
kung für alle Startdrehzahlen und Einspritzmengensprünge ist al
Grund hierfür liegt in den Koeffizientenverläufen der einzelne
gigen Exponentialfunktionen. Die Koeffizienten können zwar a
durch Exponentialfunktionen dargestellt werden, der Verlauf so
fizienten $R \in [0,724; 1]$ belegen aber die unzureichende Überei
rungsfunktionen. Das führt zu großen Abweichungen bei der Be
kung. Die approximierten Funktionen können deshalb nicht verv
„inverse Kennlinie" das nichtlineare Streckenmodell zu linear
der Approximation ist im nachfolgenden **Bild 2-17** dargestellt.

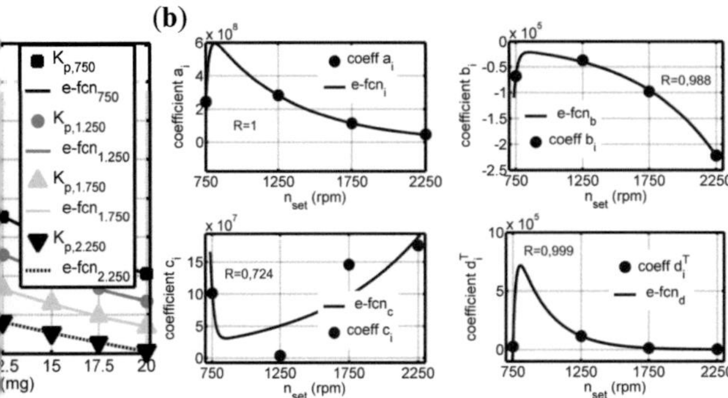

gsfunktionen der Verstärkung K_P (b) Koeffizientenverlauf der Näherungsfunktionen für K_P

nahen Reglerauslegung wird von der Linearisierung durch das Ein- und Ausgangslinearisierung [Kug2009] abgesehen. Der Folgenden so entworfen, dass er für die Extremwerte der identen ein stabiles und robustes Verhalten aufweist.

ırf

die zwei in mobilen Arbeitsmaschinen üblichen Betriebsmodi Alldrehzahlregelung (Betriebsmodus 1, **Bild 2-18**) sowie die tels Fahrkennfeld (Betriebsmodus 2) ermöglichen.

– Betriebmodus 1

gibt der Fahrer die Führungsgröße n_{set} über den Pedalwertgeber tick vor. Der Regler regelt die Störgröße des äußeren Lastmo- e gewünschte Solldrehzahl ein. Eine Maschine mit alldrehzahl- n bei konstanter Pedalstellung, identischer Getriebeübersetzung, noment (Fahr- oder Arbeitswiderstandszunahme) innerhalb der tzmengengrenzen die aktuelle Geschwindigkeit beibehalten.

selmotorregelung im Betriebsmodus 1 wird ein PID-Regler ver- zunächst durch entsprechende Entwurfsmethoden ausgelegt und wichtige Funktionalitäten, die sein Verhalten nachhaltig beein- nittsweise nichtlinearen Charakter der Motorregelung vorgeben,

erweitert. Das Ergebnis besteht in einem modular aufgebauten M
schen Motorsteuerung (**AM4**).

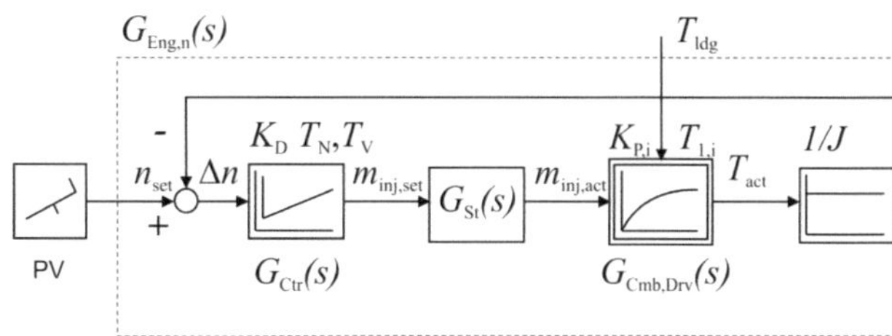

Bild 2-18: Alldrehzahlregelung des Dieselmotors aus Ma

Das erstellte EDC-Modell ist für den Betriebsmodus 2 nahezu
Unterschied besteht darin, dass der PID-Regler entfällt und an
kennfeld zur Einspritzmengensteuerung hinterlegt wird. Der F
rung wird deshalb nicht separat betrachtet, sondern am Ende de
das entsprechende Blockschaltbild für die EDC im Betriebsmod

Auslegung des Alldrehzahlreglers

Der Alldrehzahlregler für das Modell des Motorsteuergeräts wir
Methodik in [Lun2008] erstellt, vgl. **Bild 2-19**.

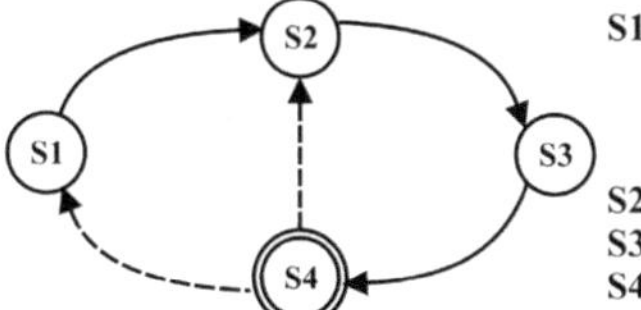

Bild 2-19: Verwendete Methodik zur Auslegung des Alldr

dingungen

r Regelstrecke zur Herleitung einer geeigneten Reglerstruktur
lodell des Motorsteuergeräts explizit ein PID-Regler gefordert
t aufgrund des ausgleichenden Verhaltens der Strecke auch ein
Regelung denkbar.

rauslegung in MATLAB/Simulink werden grundlegende, in der
igende Rahmenbedingungen betrachtet. Daraus werden die für
twurf relevanten Zusammenhänge abgeleitet.

Jnleichförmigkeitsgrad δ_U (2.25) des Hubkolbenverbrennungs-
e bei seiner Auslegung zur Erhöhung der Regelgüte berücksich-

$$\delta_U = \frac{\Delta n_{act}}{\bar{n}_{act}} = \frac{2(n_{max} - n_{min})}{(n_{max} + n_{min})} \qquad (2.25)$$

e Drehzahlschwankungen der Kurbelwelle über einem Arbeits-
Erhöhung der Schwungmassenträgheit reduziert werden. Verur-
ichförmigen Gas- und Massentangentialkraftverläufe, die mit
nt und erhöhter Einspritzmenge zunehmen. Je nach Zylinderan-
ise ergeben sich aus dem Verlauf der Gas- und Massentangenti-
Haupt- und Nebenerregerordnungen. Mittels Spektralanalyse
] der Tangentialkraft F_t eines Zylinders kann eine frequenzse-
iagnose durchgeführt werden. Das mit dem Streckenmodell si-
ebnis ist in **Bild 2-20 (a)** den Harmonischen für einen Zylinder
tors gegenübergestellt.

IER-Transformation (FFT) ermittelten Spektrallinien sind ein
le sowie die Häufigkeit des Auftretens eines Frequenzanteils im
f des betrachteten Zylinders. Durch Überlagerung der Nebener-
sich der in Bild 2-20 (b) dargestellte Verlauf der Haupterreger-
eines 4-Takt-6-Zylinder-Reihenmotors (R6), die das Triebwerk
schwingungen anregen können.

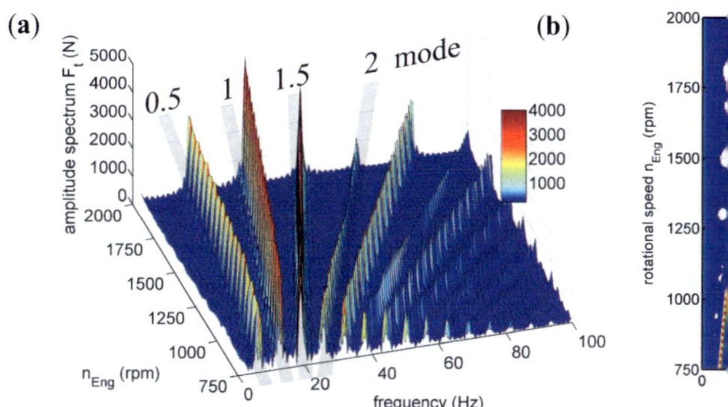

Bild 2-20: (a) Spektralanalyse der simulierten Tangentialkraft F_t ein
lierte Haupterregerordnungen eines R6-4-Takte

Im beschriebenen Streckenmodell des Kurbeltriebs und des
werden die Haupterregerordnungen berechnet und auf den mod
den Triebstrang übertragen. Da die Kurbelwelle funktional und
bildet ist, wirkt δ_U aber nicht zylinderselektiv auf die Drehzahl
abschnitte zurück. Deshalb ist es für den zu erstellenden PID-R
aktuelle Drehzahl eines Referenzzylinders in die Berechnung
einzubeziehen, anstatt zylinderselektiv die Stellgrößen zu berech

Der Einfluss des Stellglieds $G_{St}(s)$, bestehend aus Hochdruckp
und Einspritzdüsen wird vereinfacht als Verzögerungsglied erste
Zeitkonstante ($T_{1,St} = 5$ ms) angenommen. Von der Abbildung
zeitverhaltens wie in [Tar1994, Böh2001] wird abgesehen. D
darin, dass während des Zeitraums Δt_{Int} (**2.26**) zur Erfüllung z
gender Einspritzbedingungen ($\varphi_{CS} = \varphi_{inj}$) permanent entsprecher
und Prozessortaktung die Regeldifferenz und folglich der Stellg
net wird.

$$\Delta t_{Int} = \frac{1}{i \cdot z \cdot \bar{f}_{Eng}}$$

Δt_{Int} wird deshalb nicht als klassische Totzeit, sondern als Zeit
keine Eingangsgröße aufgeschaltet werden kann, angesehen un
ckenmodell enthalten. Die eigentliche Totzeit, bestehend aus de

ür die Bildung der Regeldifferenz und der Abtastzeit, wird ver-

verfahrens

n werden für eine intuitive, graphisch leicht nachvollziehbare
s das Wurzelortskurvenverfahren und der P/N-Plan ausgewählt.

ng an den geschlossenen Kreis $G_C(s)$ ist, dass die Pole in der
en, wodurch Stabilität ($n_{act}(t) \approx n_{sta}(t)$ für $t > t_{\lim}$) garantiert wird.
egler eine gute Sollwertfolge und eine Störgrößenkompensation
$\lim_{t \to \infty}(n_{set}(t) - n_{act}(t)) = 0$ gilt. Zur Einhaltung einer gewünschten
n entsprechende Sollwerte vorgegeben. Die Anstiegszeit t_{ris}
Endwerts) wird mit 0,5 s, die Überschwingweite d_{ovs} mit 25 %,
$_g$ mit 2,5 s sowie die Dämpfung mit 0,6 vorgegeben. An die
eine besonderen Forderungen gestellt, da bei kleinen Über-
gelnden Motordrehzahl nicht die Gefahr einer Zerstörung des
ie zugelassene Überschwingweite ermöglicht einen schnellen
einerseits und andererseits durch die Begrenzung auf 25 % des
direkt mit der Motordrehzahl gekoppelter Nebenaggregate oder
le betriebener Anbaugeräte.

halten des offenen Regelkreises $G_O(s)$ ergibt sich aus Übertra-
Teilsysteme zu Gleichung (**2.27**).

$$_{b,Drv}(s) \cdot G_{Ctr}(s) = \frac{K_{P,St}}{1+T_{1,St}s} \cdot \frac{K_{P,i}}{1+T_{1,i}s} \cdot \left(\frac{K_{Ctr}(1+T_N s)(1+T_V s)}{T_N s} \right) \quad (2.27)$$

$$G_C(s) = \frac{G_O(s)}{1+G_O(s)} \quad (2.28)$$

itzt drei Polstellen. Durch die Gegenkopplung des Regleraus-
schlossene Kreis $G_C(s)$ mit einem Polüberschuss von 1. Durch
glernullstellen und Anpassung der Kreisverstärkung wird die
forderten Grenzwerte angepasst. Aus der P/N- und WOK-
s) geht die Lage der zwei konjugiert komplexen, nicht durch

Nullstellen kompensierten, dominanten Pole vor (**Bild 2-21 (a)** (**b**)) ihrer Verschiebung hervor.

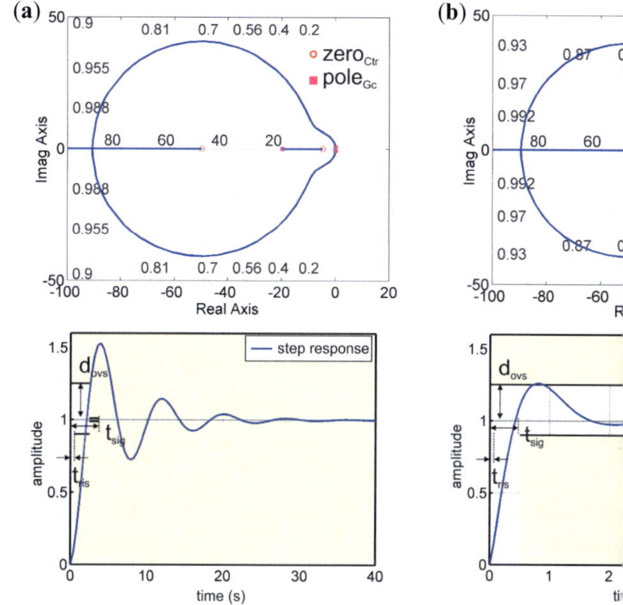

Bild 2-21: (a) WOK und Sprungantwort vor N/P-Verschiebung (b

Die so ermittelten Regelparameter werden für das nichtlineare I mulative Untersuchungen zeigen, dass damit sowohl die Stabil tung von Lastmomentsprüngen als auch die Robustheit der Re dedruckabweichungen gewährleistet ist.

Erweiterung um den Leerlauf- und Enddrehzahlregler

In der Praxis kommen P- oder PI-Regler sowohl zur Begrenzu zahl als auch zum Einhalten der Mindestdrehzahl des Dieselme EDC-Modell stellt der Leerlaufregler mit Erreichen des vor Schwellenwerts proportional zur Abweichung eine zusätzlich Verfügung, um dem Ausgehen des Motors entgegenzuwirken.

Um durch das EDC-Modell die aktuelle Drehzahl auf eine frei drehzahl zu begrenzen, was den realen Motor vor der mec

tzlicher Regler integriert. Mit Erreichen des oberen Drehzahl-
lie Einspritzmenge reduziert, im Extremfall sogar bis auf 0 mg.

Maximalmengenbegrenzung

Maximaldrehmoments wird im Modell der EDC entlang eines
enden Drehzahlstützstellen eine Kennlinie (Volllastmenge) für
tzmenge hinterlegt. Der Dieselmotor kann dadurch nur ein von
ahl n_{act} abhängiges Maximalmoment abgeben. Das stellt über
hlbereich den Betrieb in mechanisch und thermodynamisch zu-
er und beugt einem Bauteilversagen vor.

P-Grad

llung der Wirkungsweise des P-Grads mechanischer Drehzahl-
.2 wird im EDC-Modell eine Möglichkeit zur Verfügung ge-
Weise einen P-Grad für den PID-Regler vorgeben zu können.
Modell der vom Bediener via PWG vorgegebenen Solldrehzahl
gige Korrekturwert Δn_{set} aufaddiert und als interne Führungs-

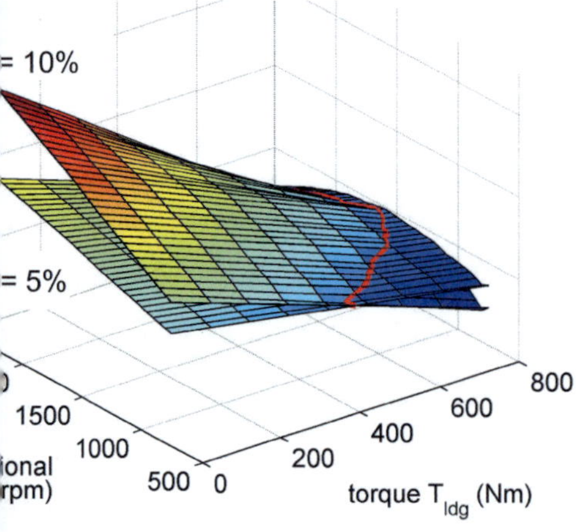

Bild 2-22: P-Grad im EDC-Modell

Bild 2-22 zeigt beispielhaft die Korrekturgröße Δn_{set} für zwei
(5 %, 10 %) über dem Betriebsbereich des Dieselmotors. Für r
nen übliche P-Grade bei Dieselmotoren liegen im Bereich von δ

Mengensteuerung – Betriebsmodus 2

Wie zu Beginn des Kapitels erwähnt, kann der Dieselmotor i
schinen auch im Betriebsmodus 2 betrieben werden. Der Fahrer
obachtung der aktuellen Fahrgeschwindigkeit über den PV-
Drehmomentwunsch vor. Der Pedalwert pv_{set} wird drehzahl
grammierbaren Fahrkennfeld (Drive-Chr) der EDC in einen Reg
damit in eine Einspritzsollmenge $m_{inj,set}$ gewandelt. **Bild 2-2**
Wirkprinzipien der Mengensteuerung ohne die Darstellung de
Erweiterungen.

Die für die Alldrehzahlregelung beschriebenen Zusammenhäng
zept in analoger Weise übertragbar und im EDC-Modell eben
demselben Szenario, wie in Betriebmodus 1 beschrieben, sin
digkeit. Nur die Formgebung des Fahrkennfelds kann in diese
digkeitsabnahme entgegenwirken.

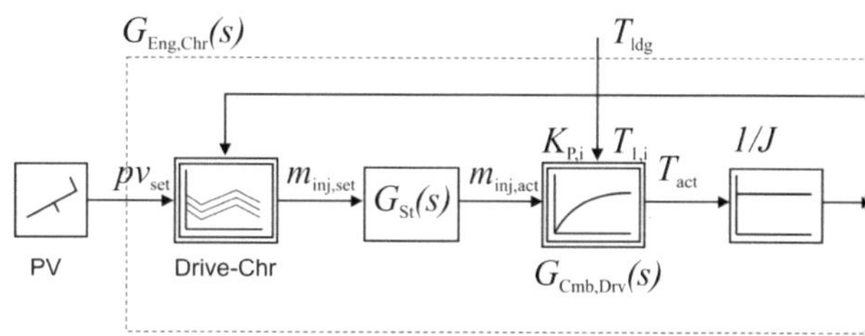

Bild 2-23: Füllungsverstellung aus Maschinensi

Aus Maschinensicht entspricht dieses Verhalten einer Steuerur
folgt nur in den kritischen Bereichen nahe der Leerlaufdrehzahl
zahl (nicht dargestellt).

ung und Regleroptimierung

glerparametrierung des PID-Reglers ist bereits mit seinem Ent-
ilitätskriterien und Robustheit erfolgt. Die Kreisverstärkung für
kannt.

herige Dieselmotormodell bei großen Stör- sowie Führungsgrö-
leich zum realen Dieselmotor deutliche Unterschiede im Einre-
4 (a) stellt das zunächst schnelle und anschließend um den Soll-
wingverhalten der Istdrehzahl des realen Motors nach einem
g dem deutlich dynamischeren und stark über- (1) sowie unter-
ulierten Istdrehzahlverlauf gegenüber. Bild 2-24 (b) belegt qua-
lseitig höhere Systemdynamik bei der Störgrößenkompensation
piel des DEUTZ BF6M1013 EC, der in **Kapitel 3** als Versuchs-
der Modellbildung verwendet wird.

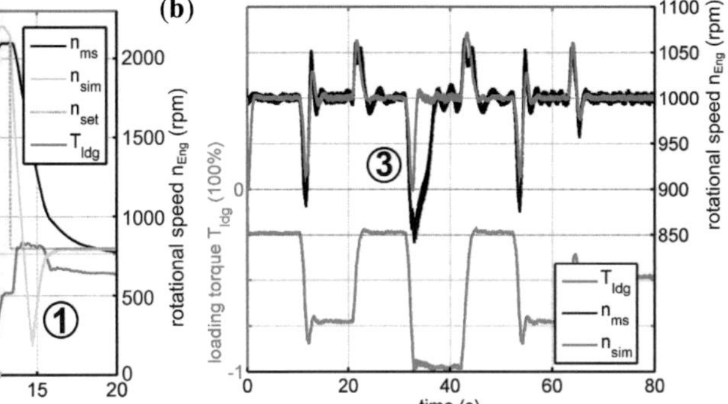

iede im Führungsverhalten (b) Unterschiede der Störgrößenkompen-
alem Dieselmotor und zugehörigem Modell vor der Optimierung

experimente gewonnene Erkenntnis, dass die beobachtbare Sys-
zahlgeregelten realen Dieselmotors modellseitig nicht durch eine
optimierung nachgebildet werden kann, legt eine vorangestellte
ahe. Deshalb wird nachfolgend die Reglerstruktur schrittweise
identifizierten Mechanismen erweitert, bevor abschließend die
ein Schätzverfahren bestimmt werden.

Strukturoptimierung durch Integration eines Anti-Wind-Up

Das starke Unterschreiten (Bild 2-24 (a), **1**) der neuen Solldreh: vem Führungsgrößensprung ($n_{set,t2} - n_{set,t1} < 0$ mit $t_2 > t_1$) ist auf PID-Reglers zurückzuführen: Zum Zeitpunkt t_1 beträgt die Drehzahl 0 min^{-1}. Der PID-Regler liefert die zur Überwindur sowie für das Halten des aktuellen Betriebspunkts erforderliche Aufschalten des Solldrehzahlsprungs reduziert der Regler aufgr tig detektierten sehr hohen Regelabweichung die Einspritzmeng durch eine Saturation auf 0 mg beschränkt ist. Diese Stellgrö Reglerausgangs ist der Grund für eine unzureichende Rückkopț des sich aufintegrierenden Regelfehlers im I-Anteil zu dem se des Reglers nach dem Unterschreiten der niedrigeren Solldrehza tät des Regelkreises.

Um dieses Verhalten zu unterbinden wird der PID-Regler um **Bild 2-25 (a)** zeigt die neue Reglerstruktur, Bild 2-25 (**b**) den zahlverlauf.

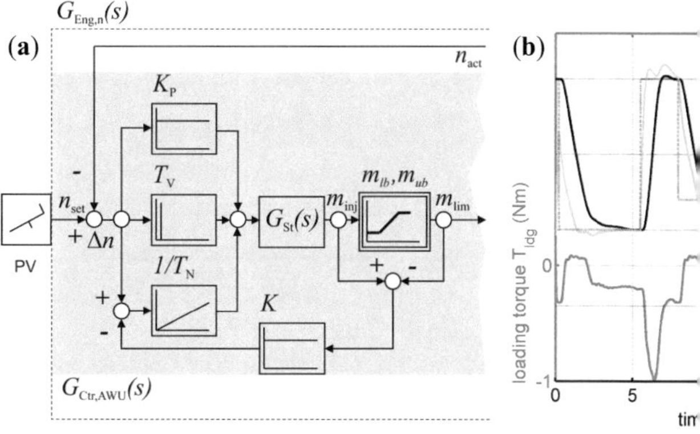

Bild 2-25: (**a**) Parallele Reglerstruktur mit AWU (**b**) Resultierende

Strukturoptimierung durch Integration der Volllastbegrenze

Zur Adaption des Anstiegsverhaltens und Reduktion der Sy: 24 (b), **3**) werden im Motorsteuergerätemodell zur Begrenzung nären Drehmoments eine Mengenbegrenzung hinterlegt, die Vc reale Dieselmotor wird dadurch vor thermischer sowie mechar chung geschützt. Die Einspritzmengengrenzen werden als Ken

hen unterer Leerlauf- und oberer Leerlaufdrehzahl angegeben.
enutzerberechtigung können diese Größen zur Modellparamet-
tor direkt aus dem Steuergerät ausgelesen werden. Alternativ
dermotor ($2 \cdot i^{-1}$-Takt-Verfahren) die Begrenzungsmenge $m_{lim,sta}$
aus dem vermessenen Verbrauchskennfeld (Muscheldiagramm)
inie nach (2.30) als Funktion des spezifischen Verbrauchs b_e
stung P_e berechnet werden.

$$m_{lim,sta} = \frac{b_e \cdot P_e}{n \cdot z \cdot i} \qquad (2.30)$$

gramm nicht vor, kann die Mengenbegrenzung entlang der aus
latt verfügbaren Maximalmomentkennlinie überschlägig nach
en. Hierbei wird mit $\eta_e = 30\,\%$ ein niedriger Wirkungsgrad an-
grenzung nicht zu tief anzusetzen und modellseitig ein verfrüh-
en Lasten zu vermeiden.

$$m_{lim,sta} = \frac{P_e}{(\eta_e \cdot H_u) \cdot n \cdot z \cdot i} \qquad (2.31)$$

tionärer Punkte (vgl. OP_1 in **Bild 2-26 (a)**) riegelt die EDC die
m Erreichen der drehzahlspezifischen geschätzten ($m_{lim,sta}^{est}$) oder
Begrenzung ab.

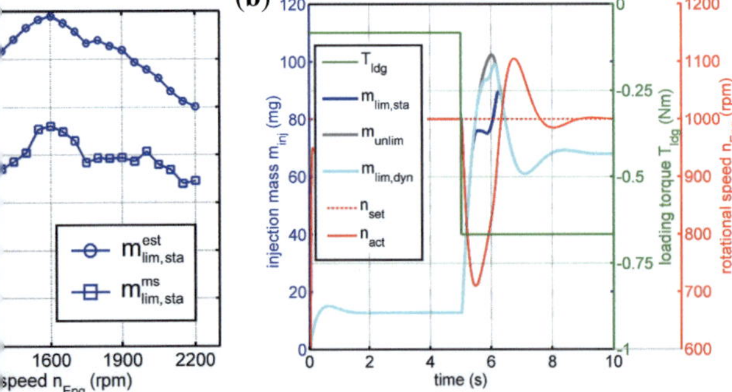

Volllastbegrenzung der Einspritzmenge im Stationärbetrieb
enerhöhung durch Toleranzband im transienten Betrieb

47

Im transienten Betrieb, wie nach einem kritischen Störgrößens
einem ausgeprägten Führungsgrößensprung unter hoher Last, re
ne Maximalmenge $m_{lim,sta}$ aber nicht aus, um dem Einbrechen d
n_{act} entgegen zu wirken bzw. die trägen Massen den Anforderu
beschleunigen. Deshalb wird für diese Betriebssituationen im
einstellbares oberes Toleranzband um die Mengenbegrenzung g
gegebenes Zeitfenster kurzfristig eine Mehrmenge ermöglich
temporär die in Bild 2-26 (**b**) eingezeichnete höhere Einspritz
Die Obergrenze dieses Toleranzbandes wird im Fall einer S
oder eines Sollwertsprungs nur von der Maximalmenge der na
nen Rauchbegrenzung limitiert. Zu Vergleichszwecken ist in B
die vom PID-Regler zunächst vorgegebene und durch die beide
tierte Einspritzmenge m_{unlim} (grau) dargestellt.

Strukturoptimierung durch Integration der Rauchbegrenzu

In Ergänzung zur Volllastbegrenzung wird als ein möglicher
schiede im dynamischen Verhalten zwischen dem Simulationsn
Dieselmotor die früher mittels Ladedruckdose und heute el
Rauchbegrenzung (LDA) identifiziert. Sie sorgt dafür, dass d
Abhängigkeit des anliegenden Turboladerdrucks so begrenzt w
tes Luftverhältnis $\lambda_{lim,LDA}$ nicht unterschritten wird. Eine zu fet
damit verhindert und der Entstehung von Ruß durch lokale Lös
wirkt.

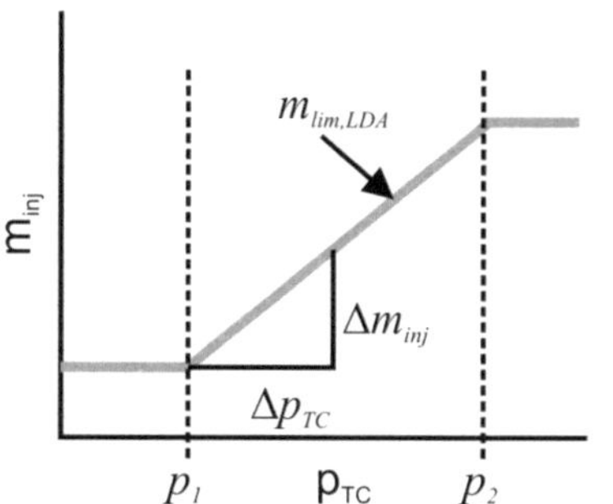

Bild 2-27: LDA-Regelung im EDC-Modell

ledruckabhängigen Einspritzmengenbegrenzung wird im EDC-
DA" hinterlegt. In Abhängigkeit der eingehenden Ladedruckin-
L-Modells wird die Einspritzmenge durch den LDA-Regler an
$\approx$ 1,3) abgeregelt. Die Steigung der Abregelgeraden kann in
27 nach Gleichung (**2.29**) berechnet werden. Die Abregelung
otz eines hohen Kraftstoffbedarfs, der die stark einbrechende
oll, die Einspritzmenge die LDA-Grenzmenge $m_{inj,LDA}$ nicht
eshalb bricht die Drehzahl im Modell sehr stark ein und die
f ein auch am realen System beobachtbares Maß zu.

; durch Integration einer Vorsteuerung

ungen des Führungsverhaltens im Alldrehzahlregelmodus zei-
rmiger Solldrehzahländerung der PID-Regler alleine ein Über-
t kompensieren kann. Das äußert sich in einem Überschwingen
einem positiven Führungsgrößensprung ($n_{set,t2} > n_{set,t1}$) sowie in
n bei negativem Solldrehzahlsprung ($n_{set,t2} < n_{set,t1}$). Deshalb
ung des Führungsverhaltens in das EDC-Modell eine mit dem
erte Vorsteuerung integriert.

s Unterschwingens erfolgt eine DT_1-Vorsteuerung. Der DT_1-
ung zweier Zuschaltbedingungen aktiviert. Zum einen muss gel-
um anderen muss die Istdrehzahl sich der neuen Solldrehzahl
ei definierbare Drehzahldifferenz angenähert haben. Es muss
$- n_{set,t1}| < n_{set,t2} \cdot a$ mit $0 < a < 1$. Bei Erfüllung beider Bedingun-
$_1$-Regler für ein vorgegebenes Zeitfenster kontinuierlich eine
der PID-Vorgabemenge aufaddiert wird. Nach dem Einregeln
zahl wird der DT_1-Regler deaktiviert. Der PID-Regler wird ge-
erhält aus der Summe der von beiden Reglern bereitgestellten
für den Integratorteil erforderliche Mengenvorgabe und über-
elbetrieb.

hrungsgrößensprung ein Überschwingen zu unterbinden, wird
sweise gewählt. Mit Erreichen einer sprunghöhenabhängigen
er Integratorteil des PID-Reglers deaktiviert und die Solldreh-
n der ursprünglich geforderten Drehzahl $n_{set,t2}$ reglerintern um
ert erhöht. Damit erfolgt zunächst eine reine Proportionalrege-

49

lung. Bei Erreichen von $n_{set,t2}$ wird der Drehzahlsollwert intern ϵ
gesetzt und der Integratorteil wieder aktiviert. Damit ist im Mo
regeln ohne großes Überschwingen möglich, vergleichbar mit
halten am realen Motor.

Parameteroptimierung des PID-Reglers durch Parametersch

Nachdem jetzt alle Parameter des EDC-Modells bestimmt sind
durch Integration des LDA-Moduls optimiert ist, können die in
schlägig bestimmten PID-Parameter k_p, k_i, k_d abschließend d
Verfahren geschätzt und optimiert werden. Dadurch wird das
des virtuellen Motors dem des realen so weit wie durch die Ab
angeglichen. Die Vorgehensweise der Parameterschätzung ist
men.

Für die Parameterschätzung sind drei Prüfstandsmessungen a
Dieselmotor erforderlich, aus denen die charakteristischen dyn
ten der Motorregelung abgeleitet werden. Bei den Referenzm
Lastmoment T_{ldg}, die Motordrehzahl n_{ms}, der aktuelle Kraftst
die Solldrehzahlvorgabe n_{set} erfasst und in einer Datei gespei
Messungen erfolgt analog der Darstellung in **Abschnitt 2.1.3**.

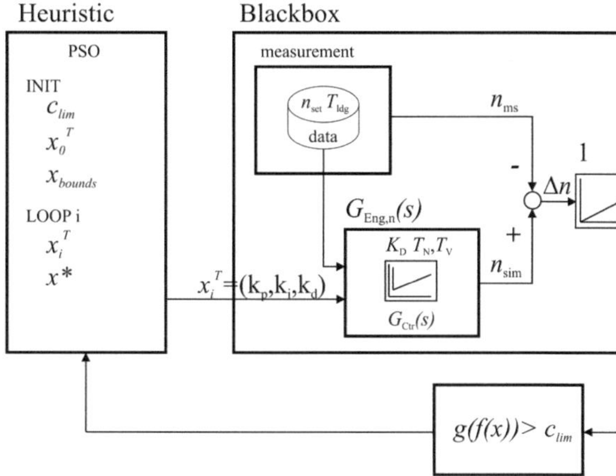

Bild 2-27: Blackbox-Parameterschätzung der PID-Rege

ätzung wird ein naturanaloges Verfahren aus dem Bereich der
erwendet, die Particle Swarm Optimization (PSO) [Cha2007,
Das Verfahren eignet sich insbesondere zur Approximation glo-
in höherdimensionalen unregelmäßigen Lösungsräumen.

) wird die integrierte quadratische Abweichung zwischen dem
mit den aktuell verwendeten PID-Parametern simulierten Dreh-
Bis zum Erreichen des Abbruchkriteriums werden in einer
chenvorschriften des PSO die global beste Lösung $x*$ und die
hlauf erforderlichen neuen Parameter x_i^T bestimmt. Das Ergeb-
besteht in einer zunehmend besseren Bestimmung der Regelpa-
zeigt die schrittweise Näherung der Parameter über den Gene-
-28 (**b**) stellt den Drehzahlverlauf der Messung dem simulierten
lichen Generationen (Iterationen), d.h. mit verschiedenen PID-
en, gegenüber.

orithmuslaufzeit, ersichtlich an der steigenden Generationszahl,
erte Drehzahlverlauf immer weiter dem als ideal vorgegebenen
Mit Erreichen des Abbruchkriteriums stehen die approximativ als
n Parameter fest und können in das EDC-Modell übernommen

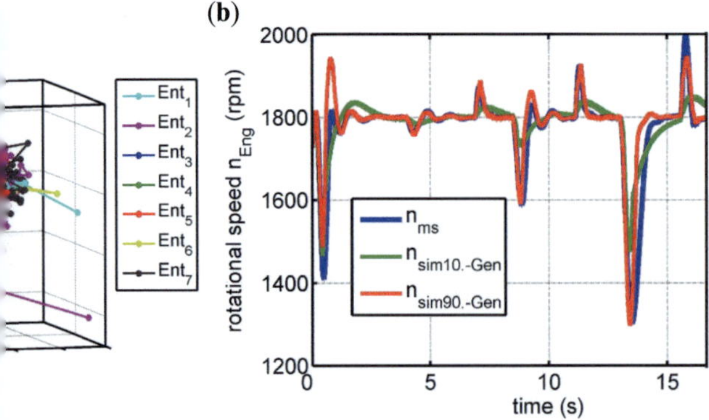

verlauf einzelner Entities über verschieden Generationen (**b**) Appro-
imulierten Drehzahl an die gemessene Drehzahl mittels PSO

t sich ein UML-Sequenzdiagramm des Optimierungsprozesses.
t erstellte PSO-ToolBox verwendet, da die Particle Swarm Op-

timization eine Heuristik ist, die sich für Optimierungsaufgaben
und lokalen Minima besonders eignet. In **Anhang A.4** sind der
die Konsolenrückgabewerte der ersten Optimierungsschritte exe

Zusammenfassung

Bild 2-29 gibt zusammenfassend einen Überblick über die Stru
EDC-Modells, bestehend aus dem Leerlauf-/Enddrehzal
Teillastregler mit Anti-wind-up, der P-Grad-Korrektur, dem L
genbegrenzung sowie der Mengensteuerung mittels Fahrkennfel

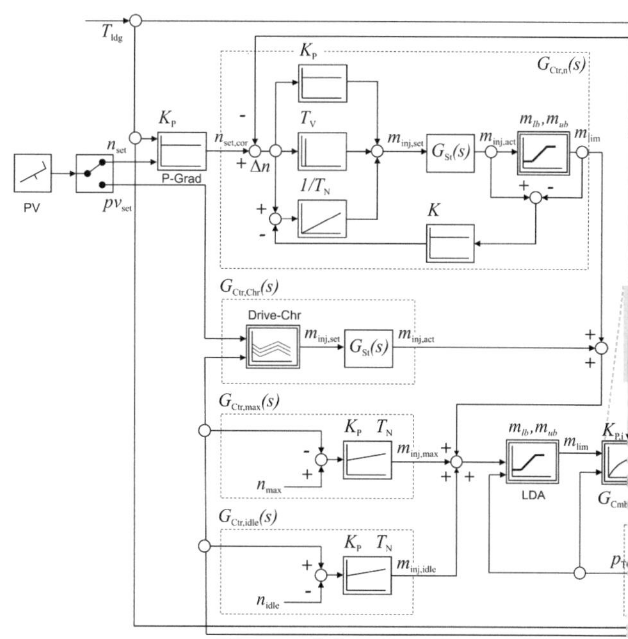

Bild 2-29: Struktur des entwickelten EDC-Mode

ung und Validierung

theoretisch erstellte Modell dem Anwender zur rechnergestütz-
s Systemverhaltens verschiedener realer Dieselmotoren unter
enden Eingangs- sowie Störgrößenaufschaltung zur Nutzung in
ebung zur Verfügung gestellt. Nach der Darstellung implemen-
ationstechnischer Zusammenhänge in **Abschnitt 3.1** wird das
.2 anhand realer Messungen validiert.

ung und Simulation unter MATLAB/Simulink

lementierung wird das erstellte mathematische Modell in eine
imulationsprogramm zur Verarbeitung und Berechnung geeig-
. Sie umfasst einerseits die Modell-Codierung, die Übertragung
n in eine softwareseitig verarbeitbare, textuelle oder graphische
lererseits die Einbeziehung der, je nach Vorgehensweise, teil-
arierbaren numerischen Lösungsverfahren (syn. Gleichungslö-
hnung der Modellgleichungen.

des Dieselmotormodells erfolgt basierend auf dem Projekt
08, Dei2009, Jäh2008, Koh2008]) wegen der hohen Verfügbar-
chnittstellenkompatibilität zu anderen Programmen bzw. EZ-
AB/Simulink (R2009a). Hierbei wird die quellcodebasierte Imp-
lichkeit einer rein graphischen, blockorientierten Modellimple-
n. Das bietet den Vorteil einer einfachen Übertragbarkeit in an-
achen, einer zur mathematischen Modellbildung äquivalenten
vie einer effizienten Analyse und Steuerung des numerischen
er letzte Punkt ist von großer Wichtigkeit. Denn selbst bei der
ierungs- und Datenfehlern (vgl. **Abschnitt 2.4.1**) sind die durch
eugten numerischen Lösungsapproximationen nur belastbar,
plementierung und das verwendete Lösungsverfahren zur nume-
Reproduzierbarkeit der Ergebnisse führen, vgl. [Bol2004].

Beschreibungsform

Die Beschreibungsform legt fest, wie die mathematische Mode
Dieselmotor implementierungstechnisch realisiert wird. Der hie
entiert sich an den Paradigmen einer objektorientierten Program

Zunächst wird hierfür die Struktur des Modells festgelegt. D
Komponenten (analog zu Objektlassen) ergibt sich aus den abge
Triebwerk (**Cmb, Drv**), Abgasturbolader (**TC**) und Steuergerät

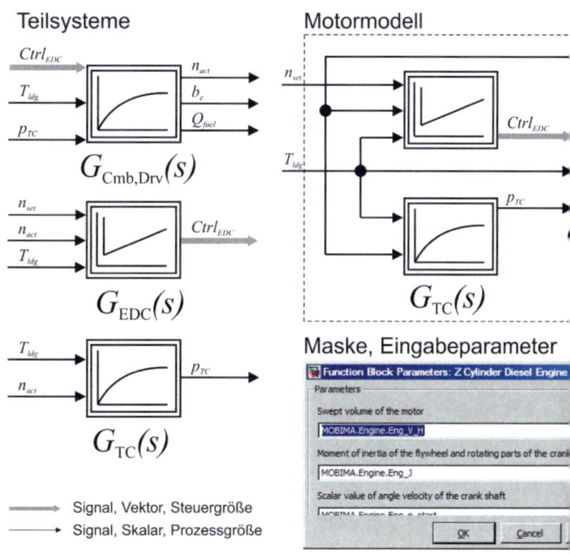

Bild 3-1: Schnittstellengrößen, Teilsysteme, Gesamtm
Parametermaske des Motormodells

Die Schnittstellengrößen (Austauschgrößen) sind durch die Gl
und werden zur signalfluss- und vektororientierten Darstellung
Prozessgrößen gegliedert. Gemäß dieser Aggregation können di
Ausgangsports der Komponenten bestimmt werden. Für einen
schiedenartiger Motormodelle (Anzahl Zylinder, Zylinderstell
Eingangs- sowie Ausgangsgrößendimensionen dynamisch vor

nsstart festgelegt. Die Sichtbarkeitsbereiche der über Workspa-
gelesenen Modellparameter werden durch Masken gekapselt.

ndliche Instantiierung zu ermöglichen, werden die Komponen-
Library abgelegt, die über eine entsprechende Pfadangabe in das
projekt eingebunden werden kann.

ustandsraumdarstellung von mechanischem und Verbrennungs-
odierung in Form einer S-Function. Aufgrund der Beschrän-
Funktionsumfang bei Verwendung von Level 1, 2 oder embed-
2009b] wird die Implementierung unter C vorgenommen.

orderungen an die Modellgenauigkeit und die Zielplattform gilt
ein Ansatz mit ausschließlich diskreten Zustandsgrößen einem
lichen (oder gemischten) vorzuziehen ist. Bezogen auf die C-
wicklungsumgebung MATLAB/Simulink haben beide Ansätze
Nachteile, wie **Tabelle 3-1** zeigt.

es-model	continuous-states-model (mixed)	
-	+	-
•Implementierung des Gleichungslösers •Keine flexible, veränderliche Verfahrenswahl •Korrekte Behandlung von Diskontinuitäten nur falls Schrittweitensteuerung implementiert (erhöhter Aufwand) oder bei geringer Schrittweite	•Verschiedene Gleichungslöser sind verfügbar •Behandlung von Diskontinuitäten durch ZCD-Algorithmus •Wahl von fixed oder variable step-size (je nach Target) •Linken des Solvers bei Compilation für ein Target	•Möglichkeit des Solver-resets nur bei variabler Schrittweite (MATLAB R2009a)

rgleich diskreter und kontinuierlicher Implementierungsansatz

des erstellten Modells bei hoher Performance sowohl auf einem
argets gewährleistet sein soll, wird ein continuous-states-model
möglicht die Compilierung des Modells für Linux- oder Win-
mit dem ANSI C-Compiler, ebenso wie die Übersetzung des
rmspezifischen Compilern der RT-Targets.

Portierbarkeit der Implementierung

Die zyklische Vorgehensweise aus Codeimplementierung und
wicklung unter der Windows-Plattform bestätigt die Lauffähigk
fixer Schrittweite unter Simulink.

Die Portierbarkeit auf ein echtzeitfähiges System wird mit der
testet. Kern des um CAN-, Digital- und Analog-I/O-Karten e
Echtzeitsystems für die Regler- und Steuerungsentwicklung bi
sor-Board (DS1005 PPC). Die AutoBox kann via PCMCIA-Exp
direkt von einem mobilen Rechner aus mittels der Anwendung C
konfiguriert und geflasht werden. Die graphische Oberfläche de
licht zudem die einfache Erstellung einer anwendungsorientie
Bedienung des aktuell im Speicher ausgeführten Programms.
Aufbau des Testsystems sowie die Bedienmöglichkeit de
ControlDesk.

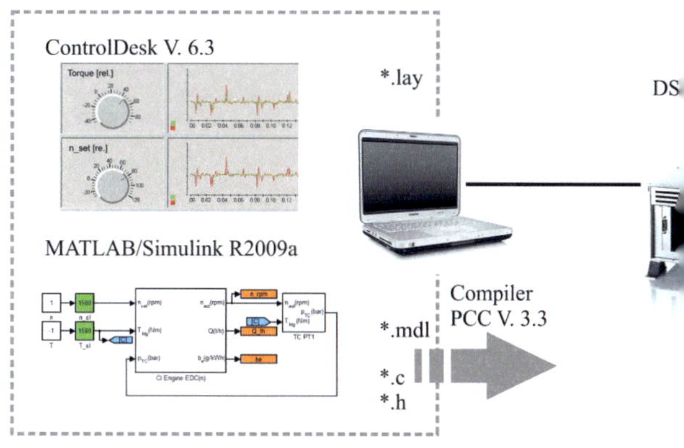

Bild 3-2: Testumgebung: dSPACE-AutoBox mit DS1005-Pr

Das erstellte Dieselmotormodell mit integrierten C-S-Functions
tec PPC Compiler V.3.3 aus Simulink heraus für das rti1005-1
Solver stehen hierbei nur fixed-step-Varianten zur Verfügung.
nisse des portierten Modells belegen die Echtzeitfähigkeit bei
0.1 ms für das EULER-Verfahren.

:ontinuitäten

len meist durch signifikante Ereignisse ausgelöst, die zu einer
ι der Systemdynamik führen. Sie treten in Form von Unstetig-
differenzierbaren Punkten der Funktion auf. Die Zustandsvari-
r Umgebung von Diskontinuitäten weisen extrem hohe Ände-
•09].

tierten Modellansatz des Dieselmotors zum Öffnungszeitpunkt
r Fall. Da weder die Ventile noch das Leitungssystem in Form
. berücksichtigt sind, wird der Druck schlagartig auf den Umge-
. Deshalb erfordert die richtige Berechnung in diesen Punkten
ε sich durch Kleinstschritte der Diskontinuitätsstelle annähern
ιt fester, aber sehr klein gewählter Schrittweite oder Gleichungs-
chrittweitensteuerung sein. Wird ein continuous-states-model
ΛΑTLAB eine für die Laufzeitkomplexität bessere Lösung zur
•ntinuitäten.

Tullstellendetektion (Zero-Crossing Detection, ZCD) vergleicht
ιtionsschritts das Vorzeichen der Ableitung der Zustandsvariab-
ngegangenen Zeitschritts. Sind diese voneinander verschieden,
uf eine Unstetigkeitsstelle im zu berechnenden Zeitschritt. Der
Auftretens wird durch Interpolation der Werte der Zustandsvari-
.rem Vorzeichenwechsel in den Ableitungen bestimmt. Es wird
·rt berechnet, der zeitlich hinter dem Auftreten der Diskontinui-
ιt2009].

ιg eines discrete-states-model mit eigener Programmierung des
ιach Euler ohne Schrittweitensteuerung und ZCD zeigt, dass
rittweiten die numerische Stabilität nicht sichergestellt ist. Des-
•plementierung als continous-states-model mit Nutzung der
·risiert.

en (AL)

ung dynamischer Systeme können durch die Rückführung von
˙ Systemeingänge algebraische Schleifen entstehen. Das ist im-
venn im Vorwärts- und im Rückwärtszweig der Rückführung

Übertragungselemente mit statischem Verhalten oder sprung

glieder gekoppelt werden (Mit-, Gegenkopplung). Bei stat

gliedern werden die Ausgänge innerhalb eines Zeitschritts (als

des nächsten) ohne Zeitverzögerung zu ihren Eingangssignalen

Sprungfähige Systeme sind durch eine Durchgangsmatrix $\overline{D} \neq 0$

ler- und Nennerpolynomgrade charakterisiert. **Bild 3-3** zeigt

dellaufbau eines abgasturboaufgeladenen Dieselmotors mit e

Die Struktur beinhaltet die Rückführung der Systemzustandsgrö

Turboladerdruck p_{TC}. Aufgrund des Übertragungsverhaltens d

das zu zwei algebraischen Schleifen AL1 und AL2.

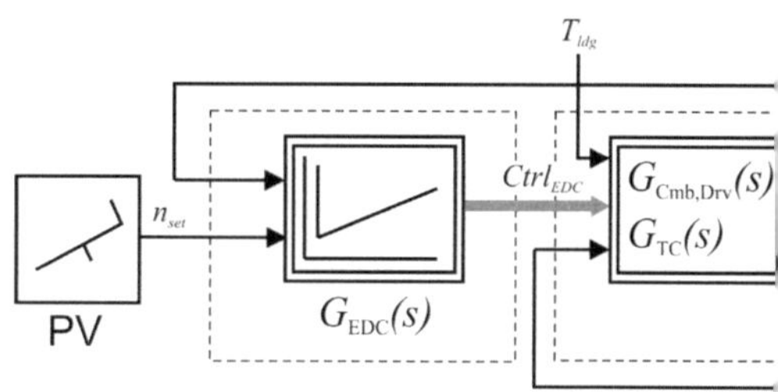

Bild 3-3: System mit algebraischen Schleifen

Bei der Implementierung gibt es zwei Möglichkeiten des Umg

der werden die Schleifen ignoriert oder sie werden durch geeig

den Regeln zu Signalflussplänen analytisch aufgelöst bzw. pr

behandelt [Mat2009a].

Ein Laufzeittest unter MATLAB/Simulink (R2009a) belegt, da

ALs für das Dieselmotormodell zu einer deutlichen Effizienz

Bild 3-4. Die dargestellten Laufzeitunterschiede haben aber nu

sagekraft, da die CPU-Zeiten unter nicht echtzeitfähigen Betri

einer Reihe von Faktoren (RAM-Kapazität, Cache, RAM-Ausl

einflusst werden. Der Verlauf zeigt aber tendenziell einen prc

Echtzeitfaktor (RTF) mit steigender Anzahl algebraischer Schl

Quotient aus mittlerer benötigter CPU-Zeit und simulierter Real

Für die programmseitige Behandlung der ALs existieren unte

vier Ansätze, deren Eignung von den Anforderungen an die L

abhängt. Weiterführende Informationen zu den einzelnen Ver-
09a] entnommen werden.

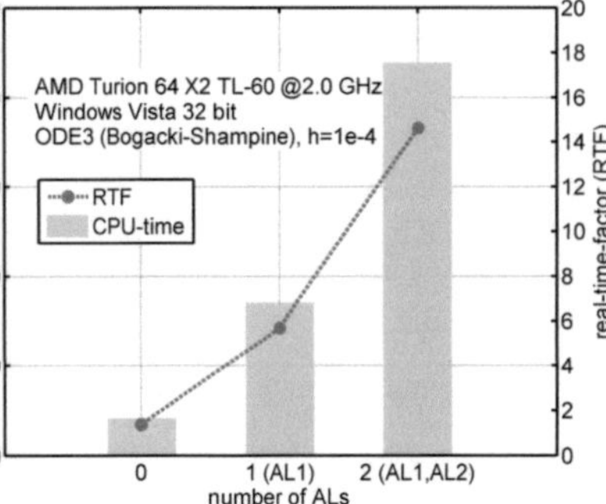

3-4: Laufzeit mit und ohne algebraische Schleifen

Umsetzung der entwickelten Modelle stellt vor dem Hintergrund
rkeit, der Plattformunabhängigkeit und der numerischen Cha-
rderungen an die Implementierung. Um diesen gerecht zu wer-
stellten Modelle aufeinander abgestimmte vektorielle Schnitt-
bieten durch die C-Codierung eine einfache Portabilität bei frei-
erfahrens. Damit wird die für den Anwender wichtige hohe Fle-
nutzung gewährleistet.

rung

dung und Verwertung der Simulationsergebnisse ist der Nach-
eit sowie der Genauigkeitsgrenzen des abgebildeten Systems
Nachweis kann durch eine Modellvalidierung erbracht werden.
d nach ISO 9000 allgemein „die Bereitstellung eines objektiven
Anforderungen für einen spezifischen beabsichtigten Gebrauch
beabsichtigte Anwendung erfüllt worden sind" verstanden. Im
lb das simulierte dem gemessenen Betriebsverhalten des Die-
estellt. Der Fokus liegt auf dem Abgleich des stationären sowie
s- und Drehzahlverhaltens. Entsprechend der in VDI 3633 vor-
tionsverfahren für Simulationsmodelle werden am realen Motor

Betriebsmessungen mit Referenzlasten durchgeführt. Die Mess‹ lehnung an die einschlägigen Normen zur Leistungsvermessur (vgl. **Tabelle 3-2**) am Antriebsstrangversuchsstand des Institu und Fluidtechnik (ILF) der TU Braunschweig.

Norm / Richtlinie	ISO 1585	SAE J1995	ISO 14396	ECE R120	97/68/EG bis 2005/13/EG	ECE R24	
Leistungsabnahme	S	S	S	S	S	S	
Lüfter	x	-	-	-	-	x	
Kühlwasserpumpe	x	-	x	x	x	x	
Wasserkühler	x	-	-	-	x	x	
Turbolader	x	x	x	x	x	x	
Ladeluftkühler	x	x	x	x	x	x	
Luftfilter	x	-	x	x	x	x	
Auspuff	x	-	x	x	x	x	
Einspritzpumpe	x	x	x	x	x	x	
Zusatzaggregate	-	-	-	-	-	-	
Leistung in % ISO 1585 =100	100	ca. 115	ca. 110	ca. 110	ca. 110	ca. 105	c. 1

S:= Schwungscheibe, PTO:= Zapfwelle

Tabelle 3-2: Leistungsmessung an Dieselmotoren, [Lam20‹

Der stationäre Versuchsstand besteht aus den drei Einheiten ‹ und Belastungseinheit. Für die Messungen am 174 kW 6-Zylin‹ Fa. Deutz mit 7,15 l Hubraum, Abgasturbolader und Ladeluftkü‹ über das Getriebe mithilfe der Belastungseinheit das La [Bli2008, Dei2009]. Es werden die in **Tabelle 3-3** dargestellte vorgegeben.

Messgröße (Einheit)	Genauigkeit	
Drehmoment (Nm)	0,5 % Full Scale (FS) 0,05 % FS[1]	Eigenbau, D‹ Fa. Magtrol,
Kraftstoffverbrauch (l/h)	0,5 % FS	Falltankbetri Fa. Pierburg
Drehzahl (rpm)	0,5 % FS	Fa. Deutz, C
Ladedruck (Pa)	0,5 % FS	Fa. VDO

[1]Konfiguration nach Umbau des Versuchsstands

Tabelle 3-3: Messgrößen des Prüfstandes zur Motorve‹

l gemäß ISO 1585 an der Ersatzschwungmasse abgegriffen. Die
Lüfter, Kühlwasserpumpe, STK-ATL) sind über Riementriebe
mit der Kurbelwelle gekoppelt und werden mit angetrieben. Die
stationäre Betriebspunkte ebenso wie für transiente Betriebsin-

stationär

armlaufphase des Dieselmotors werden am Versuchsstand stati-
 des Dieselmotors vermessen. Die Lastvariation erfolgt in
die Verstellung der Belastungseinheit und des Getriebes im Be-
) Nm. Die erforderliche Drehzahlvariation $n = 750..2200\ \mathrm{min}^{-1}$
Alldrehzahlregler des Dieselmotors via CAN-Datentelegramm
ControlDesk-GUI des integrierten dSPACE-RCPT vorgegeben.
in einer Tabelle, die die vermessenen Betriebspunkte (OP) und
onären Dieselverbrauch beinhaltet. OPs, die zum Ausgehen des
n mit einem Fehlerwert belegt und bleiben bei der stationären
sichtigt.

ungsbezogenen Verbrauchswerte werden als Basiswerte für den
ulativ ermittelten Größen verwendet. Die in der Simulation an-
punkte werden skriptgesteuert, vergleichbar mit einem Batch-
nach Beendigung des Einschwingvorgangs automatisiert in ein
ligtes Kennfeld abgelegt. **Bild 3-5** zeigt schematisch die Vorge-
ifikation des Modells (**a**) sowie exemplarisch für die vermesse-
e für den Vergleich berechneten Simulationswerte (**b**).

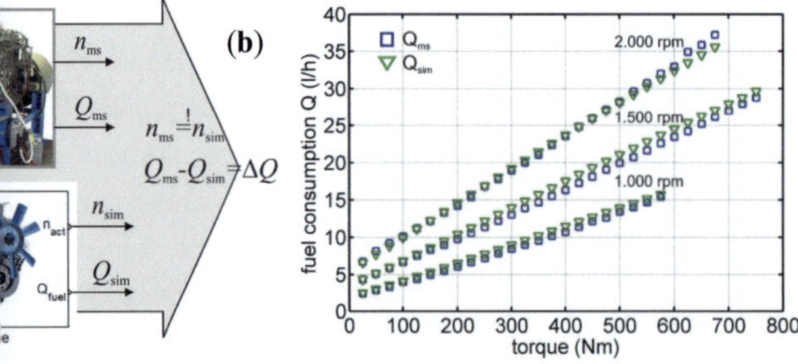

re Verifikation (**a**) Vorgehensweise (**b**) Betriebspunktvergleich

Verifikationsergebnisse

Das Ergebnis lässt sich in Form der Verbrauchskennfelder zus
genüberstellen. **Bild 3-6** (**a**) zeigt den simulierten spezifische
(**b**) die approximierte Dichte- sowie Verteilungsfunktion der
Messung und Simulation darstellt.

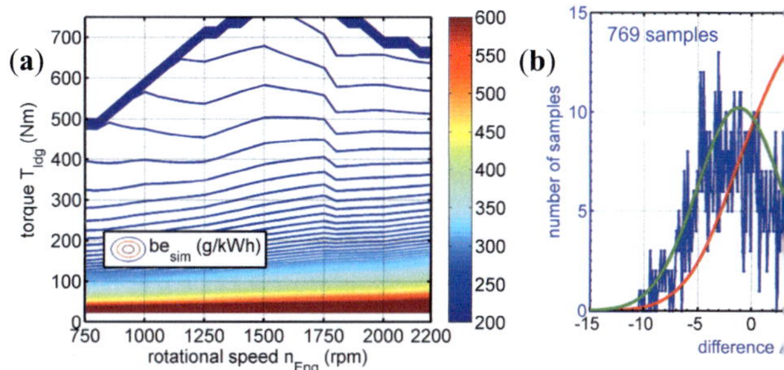

Bild 3-6: (**a**) Simulierter spezifischer Kraftstoffverbrauch (**b**) Verteil
Messung über dem gesamten Betriebsbereich

Die stationär erzielte Genauigkeit der Verbrauchssimulation lie
rametrierung ohne Druckindizierung und Schleppversuch im B
mittlere prozentuale Verbrauchsdifferenz $\Delta\overline{Q}_\%$ beträgt -1,2 %,
weichung von 3,9 % und einer Varianz von 15,2 %. Der Quartil
mit einem 25 %-Quantil von -4,1 % Verbrauchsdifferenz zwis
mulation.

Bewertung

Die Abweichung ergibt sich aus den Modellbildungsfehlern u
der Überlagerung der Auswirkungen ungenauer Parameterwert
Modells zeigen, dass der Abgasturbolader einen großen Einflu
lung, folglich auf den Wirkungsgrad und damit auf den für sta
simulierten Verbrauch hat. Ein Ansatz zur Verbesserung des
bender Abbildungstiefe des Hauptaggregats besteht in der gen
Ladedrucks (mehr Stützstellen, keine Extrapolation) und in de
Nebenaggregate.

s simulierten stationären Verbrauchs sind systemimmanent, de-
oduzierbar, sodass für einen vorgegebenen Belastungsfall die
e verschiedener Maschinenkonzepte untereinander vergleichbar
scher Auswertung kann exemplarisch die Verteilung der
g entlang der Betriebspunkte eines Arbeitszyklus einer mobilen
mmt werden. **Bild 3-7** zeigt das Ergebnis dieser Betrachtung am
Y-Ladespiels eines Radladers. Dem Anwender muss bewusst
chsabbildung mittels Kennfeldmodell vergleichbaren Randbe-
n ist.

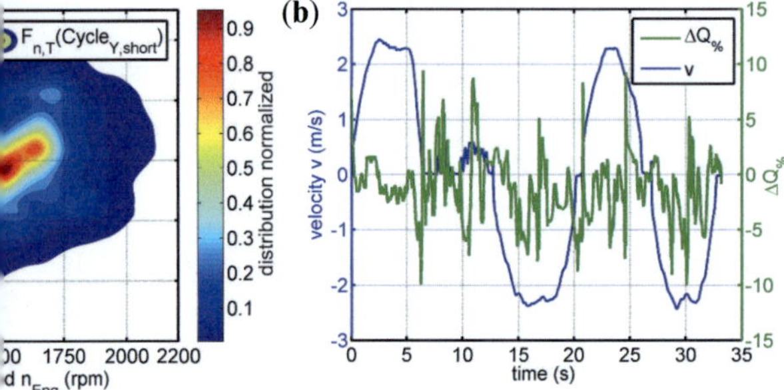

bivariate Verteilungsfunktion der Motor-Betriebspunkte eines kurzen
ehörige Dichtefunktion von $\Delta Q_\%$ entlang der Fahrgeschwindigkeit

vermessenen Kennfeldes für einen simulativ abzubildenden
erstellte Modell für einen Effizienzvergleich verschiedener Ge-
te eingesetzt werden. Bei Aussagen, die eine höhere Genauig-
sgestützten Verbrauchsbestimmung erfordern, wird empfohlen,
ungsansatz unter Inkaufnahme eines erhöhten Modellbildungs-
ufwands gemäß der oben ausgewerteten Literatur weiter zu ent-

h der ähnlichkeitsbasierte Ansatz einer Skalierung eines als be-
Referenz-Motorkennfeldes auf einen anderen Motor zielfüh-
ehensweise wird bereits zur Skalierung vermessener Kennfelder
ten genutzt. Der Transfer der Methodik auf den Dieselmotor
r vorliegenden Ausarbeitung nicht durchgeführt. Entsprechende
n derzeitigen Stand der Literatur unbekannt.

Aus den Ergebnissen der Modellbildung und Validierung für sta

te lassen sich folgende Hinweise für einen quasistationären simu

gleich der Wirkungsgrade verschiedener alternativer Maschinen

- Die Vergleichsbasis sollte aus einem repräsentativen Kolle
  Standardzyklen bestehen. Damit genügen die zeitliche Abfo
  der simulierten OPs mit hoher Wahrscheinlichkeit den rea
  tungsfällen. Aktuelle Ansätze hierzu finden sich in [Dei2009

- Die stationäre Verteilungsfunktion der Wirkungsgradabwe
  anhand reproduzierbarer (innerhalb eines vorgegebenen Te
  sungen validierten Komponentenmodelle sollte bekannt sein
  Komponente, in Abhängigkeit des durchfahrenen Lastzyk
  sche Abweichungsverteilung bestimmt werden. Der Verglei
  Abweichungsverteilungen einer Komponente über zwei vers
  Belastungszyklen ermöglicht dann den Rückschluss auf die
  Ergebnisse untereinander auf Komponentenbasis.

- Die stationäre Verteilung der Abweichung (additive Ermittl
  weichungen innerhalb der gemeinsamen Komponentenbetr
  samtmodells sollte bekannt sein. Damit kann die zyklusspez
  verteilung des Gesamtmodells bestimmt werden. Folglich k
  Vergleichbarkeit alternativ zu untersuchender Konzepte bei
  dener Belastungszyklen für die Gesamtmaschine abgeleitet w

3.2.2 Validierung, dynamisch

Störgrößenverhalten

Für die dynamische Validierung des Störgrößenverhaltens werd

tor bei unterschiedlichen Ausgangsdrehzahlen Belastungszykle

momentsprüngen unterschiedlicher Höhe aufgeprägt. Das Antwo

Systems wird durch Messung des Drehzahl- sowie Verbrauchsv

zur Vorgehensweise bei der stationären Validierung erfolgt a

gleich zwischen den Messschrieben und den in MATLAB/Sin

erzeugten Simulationswerten. Das Ergebnis wird durch Bestim

Verbrauchs quantifiziert. **Bild 3-8** illustriert beispielhaft die Ge

Validationsmessung mit Simulationsdaten. Die Ausgangsdrehz

beträgt 1.000 min^{-1}. Entlang der Messdauer wird der abgebildete
des Lastmoments T_{ldg} aufgeprägt. Die Schwingungen des idea-
rünge anzunehmenden aufgeprägten Lastmomentverlaufs erge-
kwirkungen mit den Trägheitsmomenten des Triebstrangs am

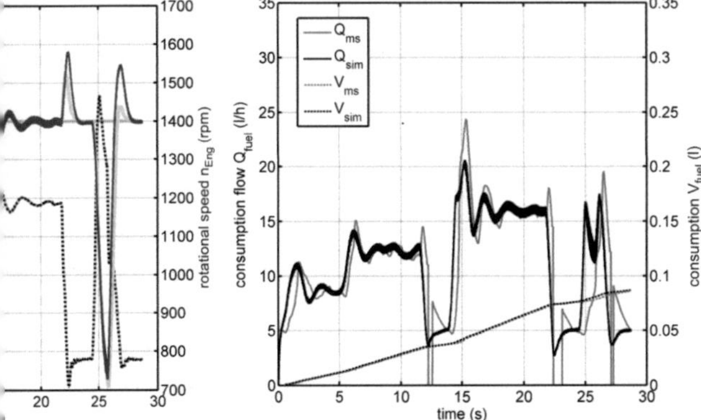

idierung des Störgrößenverhaltens des Dieselmotormodells

en Drehzahl- und Verbrauchswerte aus Simulation und Messung
regeldynamik und der transiente Mehrverbrauch weitestgehend
er Effekt, dass bei einem hohen Lastmomentsprung die Diesel-
bricht, da die EDC die Einspritzmenge an der Rauchgrenze ab-
z abbildbar. Dies kann bei der Entwicklung einer Motorbetriebs-
giemanagement einer mobilen Arbeitsmaschine berücksichtigt

alten

es Führungsgrößenverhaltens erfährt der weiterhin drehzahlge-
kförmige Änderungen der vorgegebenen Solldrehzahl n_{set}. Bei
vertsprung ($n_{set,2} > n_{set,1}$) zeichnet sich eine deutliche Erhöhung
:hs ab. Durch die in **Abschnitt 2.2.3** beschriebene Vorsteuerung
;en der aktuellen Drehzahl n_{act} bei Erreichen von $n_{set,2}$ kompen-
ven Führungsgrößenänderung ($n_{set,2} < n_{set,1}$) zeichnet sich die im

EDC-Modell aktivierte DT_1-Vorsteuerung in einer gemäßigten
ellen Drehzahl an die neue Solldrehzahl ab. Ein Unterschwingen

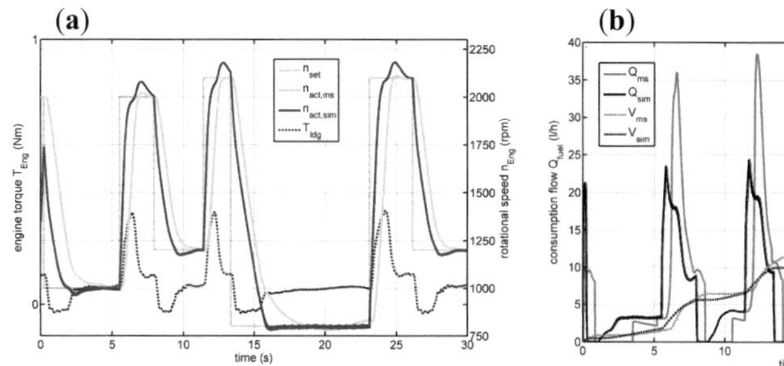

Bild 3-9: (a) Simulierter und gemessener Verbrauchs- und D
bei einem Führungsgrößensprung (b) Zugehörige Verbrauchsg

Die Gegenüberstellung der simulierten und der gemessenen Dre
hörigen Kraftstoffverbrauchs ist in **Bild 3-9** (a) und (b) verans
fensichtliche Unterschiede im Anstiegs- sowie Abstiegsverhalt
kennbar. Der Grund hierfür liegt in der Überlagerung der Au
schlägig bestimmten Trägheiten der durch Parameterschätzung (
te und der Vernachlässigung der im realen System verbauten
gezeigte Genauigkeit bildet den qualitativen transienten Verla
ab, um das Motormodell zur Untersuchung von Szenarien eines
gements nutzen zu können.

Bewertung und Ausblick

Die dynamische Validierung des Dieselmotormodells zeigt, dass
dell nach iterativer Parameteroptimierung das veränderte Verbra
sienten Betriebsbereichen widerspiegeln kann. Wichtig für die I
schen Modellgenauigkeit ist einerseits die Erkenntnis, dass da
des Dieselmotors in der vorgestellten Abbildungstiefe weitestge
de gelegten Regelung abhängt; andererseits, dass die Modellg
dungstiefe trotz höherem Parametrierungsaufwand so weit gev
dass die erforderlichen Dynamikeffekte abbildbar sind. Aus di
es zur Steigerung der Modellgenauigkeit sinnvoll, den auf die A
geräts gelegten Fokus beizubehalten und zu vertiefen.

Außerdem wird für das virtuelle Energiemanagement einer gesamten Maschine in Zukunft nicht nur die Abbildung des dynamischen Drehzahl- sowie Verbrauchsverhalten erforderlich sein, sondern in zunehmendem Maß die Integration der Abgasemissionen. Gerade in Betriebsphasen des Dieselmotors, in denen nicht nur der Wirkungsgrad vergleichsweise niedrig ist, sondern auch die entstehenden NO_x und ausgestoßenen Rußpartikelanteile sehr hoch sind, gilt es, den Motor durch eine optimierte Betriebsführung in bessere Betriebspunkte zu bringen. Deshalb sollte das beschriebene Dieselmotormodell vor dem Hintergrund einer diesel-elektrischen Hybridisierung um ein Abgasmodell erweitert werden. Ansätze hierzu finden sich in [Rin2002, Wen2006]. Nach derzeitiger Auffassung des Autors werden nur weiter detaillierte Dieselmotormodelle den zukünftigen Anforderungen an die Abbildungstiefe, die sich aus dem Energiemanagement der Gesamtmaschine ergeben, gerecht werden. Den damit einhergehenden höheren Parametrierungsaufwand wird eine noch engere Zusammenarbeit der Maschinen- und Dieselmotorhersteller decken können.

3.2.3 Vergleich quasistationäre und dynamische Modellierung

Für die Entscheidungsfindung, ob ein zur Laufzeit ressourcenschonenderes quasistationäres Kennfeldmodell oder aber der vorgestellte rechenzeitintensivere dynamische Modellierungsansatz verwendet werden soll, wird ein Vergleich beider Modelltypen angestrengt. Im Fokus stehen die ermittelbaren Unterschiede in der Verbrauchsberechnung über Führungs- oder Sollwertgrößensprüngen, wie sie in Zyklen mobiler Arbeitsmaschinen typischerweise auftreten [Dei2009, Rei2010]. Es gilt dabei aufzuzeigen, welches real vorhandene Optimierungspotenzial für ein Energiemanagement einer virtuellen mobilen Arbeitsmaschine durch die abgestimmte Regelung des Verbrennungsmotors bei der Einbindung eines vereinfachten Kennfeldmodells verborgen bleibt.

Grenzübergang zwischen quasistationärem und dynamischem Modell

Zur Betrachtung des Grenzübergangs eines einfachen quasistationären Kennfeldmodells und des dynamischen Ansatzes kann der Verlauf des aktuellen Kraftstoffverbrauchs bei einer Betriebspunktänderung beider Ansätze analysiert werden. In der folgenden Untersuchung wird stets ein Betriebspunkt OP_1 als stationärer Ausgangspunkt und ein weiterer OP_2 als gewünschter Endpunkt des transienten Betriebsbereichs vorgegeben.

I. Störgrößensprung

Zunächst wird untersucht, inwieweit sich die Simulationsergebnisse bei Verwendung eines quasistationären kennfeldbasierten Modells von denen bei Nutzung des vorgestellten dynamischen Modells im Falle des Aufschaltens eines Störgrößensprungs unterscheiden.

Die Analyse erfolgt am Beispiel eines Testszenarios: Zum Zeitpunkt $t_1 = 5\,\mathrm{s}$ befindet sich der Dieselmotor im Betriebspunkt $OP_1 = (1.750\,\mathrm{min}^{-1},\ 75\mathrm{Nm})$. Durch Aufschalten eines Lastmomentsprungs der Höhe $565\,\mathrm{Nm}$ für $t > 5\,\mathrm{s}$ wird der Motor schlagartig belastet und wechselt auf eine höhere Leistungshyperbel.

In einem rein kennfeldbasierten stationären Modell erfolgt zeitgleich mit der Aufprägung des höheren Lastmoments die Verschiebung des aktuellen Betriebspunkts in den Punkt $OP_2 = (1.760\,\mathrm{min}^{-1},\ 640\,\mathrm{Nm})$. Die Dieseldrehzahl verharrt im Ausgangspunkt, und die Einspritzmenge steigt sprunghaft von 20 mg auf 80 mg (**Bild 3-10 (a)** roter, strichlierter Pfeil), was einem Verbrauch von 7,36 l/h bzw. 30 l/h entspricht.

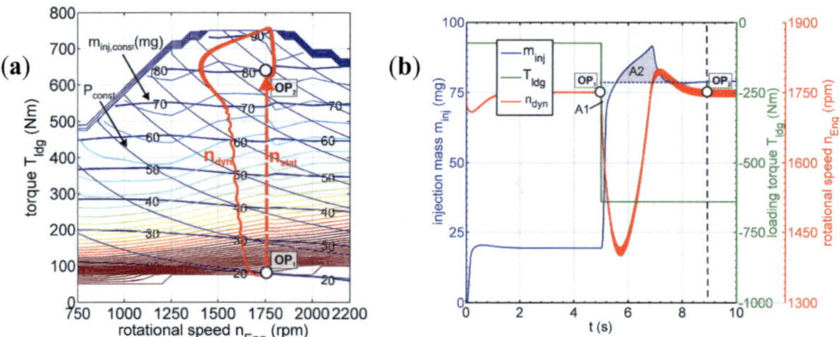

Bild 3-10: Betriebspunktänderung bei stationärer und dynamischer Betrachtung
(a) im Motorkennfeld (b) entlang der Zeit

Im Falle einer dynamischen Simulation führt der Lastsprung zu einer Drehzahldrückung ((**a**) und (**b**), rote Linie) und folglich zu einer reglerseitig überhöhten Einspritzmengenvorgabe ((**b**) blaue Linie). Diese stellt die erforderliche Beschleunigung der Massenträgheiten des Motors sowie das Erreichen des neuen verbrauchsintensiveren Betriebspunkts OP_2 zum Zeitpunkt $t_2 = 9\,\mathrm{s}$ sicher.

Der Unterschied der einmal stationär oder aber dynamisch berechneten Verbräuche ergibt sich nach (**3.1**) aus der Differenz des dynamischen und des stationären Einspritzmengenintegrals, gewichtet mit den Drehzahlen der entsprechenden Zeitfenster.

$$\Delta V = \frac{z \cdot i}{\rho} \int\limits_{t_1}^{t_2} (m_{inj,dyn} \cdot n_{dyn} - m_{inj,OP2} \cdot n_{OP2})dt \qquad (3.1)$$

Das Ergebnis zeigt, dass sich bei der Berechnung des Kraftstoffverbrauchs nach dem stationären Kennfeldmodell zwei Fehler additiv überlagern, die in ihrem Vorzeichen voneinander verschieden sind und sich deshalb tendenziell ausgleichen: Im stationären Modell kommt es zu keinem Drehzahleinbruch, sodass bereits mit Lastaufschaltung der stationäre Verbrauch des OP_2 anliegt, der sich allerdings bei dynamischer Betrachtung erst nach der Zeitdifferenz $\Delta t = t_2 - t_1$ dauerhaft einstellt. Das bedeutet einerseits, dass der Verbrauch im stationären Modell zu Beginn der Betriebspunktverschiebung zu hoch angesetzt wird.

Andererseits müssen im stationären Modell nicht die durch Drehzahldrückung mit geringerer Winkelgeschwindigkeit umlaufenden Trägheiten wieder auf die voreingestellte Anfangsdrehzahl beschleunigt werden, was im dynamischen Modell zu einem Mehrverbrauch führt. Das bedeutet, dass im stationären Modell gegen Ende der Betriebspunktänderung der Verbrauch fälschlicherweise zu niedrig angesetzt wird.

Der Zusammenhang geht aus **Bild 3-11** hervor, das die Kraftstoffverbrauchsvolumenströme für beide Modelle sowie deren integrierte Verläufe und deren Abweichung voneinander zeigt. Die Flächen A1' und A2' entsprechen den mit der zugehörigen Drehzahl gewichteten Flächen A1 bzw. A2 aus Bild 3-10.

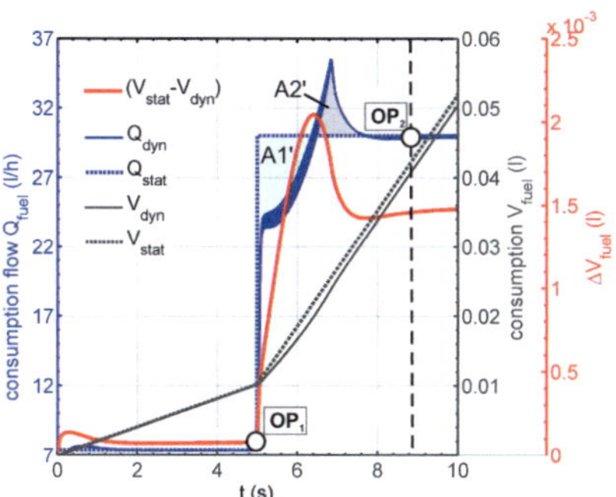

Bild 3-11: Vergleich des stationär und dynamisch simulierten Verbrauchs bei einer Betriebspunktänderung durch einen Lastmomentsprung

Das vom Motor im dynamischen Fall aktuell abgegebene Drehmoment T_{dyn} verhält sich proportional zu der momentan eingespritzten Kraftstoffmenge $m_{inj,dyn}$, aber wegen der thermodynamisch begründeten betriebspunktabhängigen Verluste nichtlinear. Die Differenz des durch die Höhe des Lastsprungs geforderten Drehmoments T_{ldg} und des bei reglerseitig vorgegebener Einspritzmenge aktuell vom Dieselmotor abgegebenen Drehmoments T_{dyn} ist die Ursache des beobachtbaren Drehzahleinbruchs. Der sich im vorliegenden 5 s-Szenario ergebende Verbrauchunterschied ΔV_{fuel} entspricht der Flächendifferenz aus A1'-A2' und beträgt 1,5 ml.

Der Übergang vom Kennfeldmodell auf das entwickelte dynamische Modell entsteht dann, wenn die Sprungzeit des Lastmoments gegen unendlich geht. Das ist gleichbedeutend mit infinitesimal kleinen Sprüngen, bei denen sich kein Unterschied zwischen der quasistationären Abbildung durch ein Kennfeld oder der dynamischen Betrachtung ergibt, vgl. (**3.2**).

$$\lim_{\Delta T_{ldg} \to 0} (Q_{dyn} - Q_{qstat}) = 0 \quad \text{oder} \quad \lim_{\Delta T_{ldg} \gg 0,\, (t_2 - t_1) \to \infty} (Q_{dyn} - Q_{qstat}) = 0 \tag{3.2}$$

<u>II. Führungsgrößensprung</u>

Wie bereits bei der dynamischen Validierung dargestellt, reagiert das implementierte dynamische Dieselmotormodell bei positivem Solldrehzahlsprung ebenfalls mit einer Verbrauchserhöhung.

Der Verbrauchsunterschied ΔV_{fuel} beider Ansätze über dem transienten Betriebsbereich lässt sich durch Integration der Differenz beider Verbrauchskurven bestimmen. Diese ist bei identischem Sollgrößensprung abhängig von der Größe des im OP_1 anliegenden Lastmoments, dem Motorträgheitsmoment und den Regelparametern. Allgemein gültig ist die Aussage, dass die Verbrauchsdifferenz mit infinitesimal kleinen Drehzahlsprüngen gegen 0 gehen muss, vgl. (**3.3**).

$$\lim_{\Delta n_{set} \to 0} (Q_{dyn} - Q_{qstat}) = 0 \quad \text{oder} \quad \lim_{\Delta n_{set} \gg 0,\, (t_2 - t_1) \to \infty} (Q_{dyn} - Q_{qstat}) = 0 \tag{3.3}$$

Im Umkehrschluss lässt sich daraus ableiten, dass im Hinblick auf eine exakte Verbrauchsermittlung im Rahmen eines Ansatzes für ein Energiemanagement der Gesamtmaschine ein dynamischer Modellierungsansatz dann sinnvoll ist, wenn das Regelkonzept und der typische Maschinenzyklus eine Vielzahl relativ hoher Lastsprünge auf den Dieselmotor beinhaltet. Beispielsweise summiert sich im Fall eines 30 s-Y-

Radlader-Ladezyklus der Verbrauchsunterschied zwischen Kennfeldmodell und dynamischem Modell für die Betriebszeit von 1 h bei zweimaligem Inchen (Drehzahlsprung) und zwei Lastspitzen (Einstechen ins Haufwerk, Betätigung der Arbeitshydraulik) mit Drehzahldrückung pro Zyklus auf bis zu 0,72 l. Das entspricht bei einem Verbrauch von 35 l/h einer Abweichung von 2 %.

4 Steuer- und Regelkonzepte in mobilen Arbeitsmaschinen

Im folgenden Abschnitt werden bestehende Ansätze zur Steuerung und Regelung mobiler Arbeitsmaschinen analysiert. Das Ziel der Untersuchung ist die Systematisierung und Hierarchiebildung der bereits applizierten Regelsysteme und -mechanismen der Maschinen aus Sicht des Bedieners. Hierarchisch untergeordnete Strukturen (Reglerkaskaden) bleiben unberücksichtigt. Die Ergebnisse der Untersuchung dienen als Basis für das in **Kapitel 5** herzuleitende Konzept eines dynamischen Gesamtmaschinenmanagements.

4.1 Komponentenebene

Zunächst werden Steuer- bzw. Regelmechanismen einzelner Komponenten und Baugruppen, die in die Arbeitsmaschinen integriert sind, vorgestellt. Die Zusammenhänge im Dieselmotor sind in den **Kapiteln 2** und **3** ausführlich dargestellt und werden, falls erforderlich, in die Betrachtung mit einbezogen. Im Anschluss erfolgt in **Abschnitt 4.2** die Untersuchung der Interaktion einzelner Teilsysteme innerhalb mobiler Arbeitsmaschinen anhand dreier ausgewählter Maschinenbeispiele.

4.1.1 Lenkanlage

Die Lenkanlage in Verbindung mit den Rädern und dem Rad-Bodenkontakt beeinflusst in longitudinalen Kurvenfahrtszenarien (zusätzliche Verluste durch Verspannung des Getriebes) sowie Querdynamikszenarien (Reifenverluste) die Verluste, die im Antriebsstrang einer Arbeitsmaschine entstehen. Bei Kurvenfahrten stellen sich aufgrund der ungleichen durchfahrenen Radien der einzelnen Räder (ausgeglichen durch Achsdifferential, Längsdifferential) und der verschiedenen wirksamen Reibungskoeffizienten in Abhängigkeit von der Schwerpunktsgeschwindigkeit der Maschine, unterschiedliche Drehzahlen der Endabtriebe ein. Die dabei auftretenden Verspannungen führen, im Vergleich zu einem geradeaus Longitudinalszenario, zu einer Verschiebung der Betriebspunkte von Radnabenplaneten, Lamellenbremsen und Differentialgetrieben. Das kann zu einem stark veränderten Verlustverhalten in einzelnen Komponenten, die im Leistungsfluss liegen, führen. Deshalb ist es bei der simulationsgestützten Entwicklung von übergeordneten Regelkonzepten erforderlich, die Lenkanlage im Rahmen der verfügbaren Stellmöglichkeiten so zu beeinflussen, dass die assoziierten Verluste über einem typischen Lastspiel minimal ausfallen.

Die Ausführung heutiger Lenkanlagen richtet sich nach den geltenden gesetzlichen Bestimmungen. Die nationale Gesetzgebung schreibt die Betätigungsart der Fahrzeuglenkung in Abhängigkeit von der zulässigen Maximalgeschwindigkeit vor. Für Arbeitsmaschinen mit $v_{max} < 50$ km/h genügt eine einkreisige und bei $v_{max} < 62$ km/h eine zweikreisige hydrostatische Lenkanlage [Böt2008]. Bei höheren Maximalgeschwindigkeiten ist eine mechanische Lenkverbindung obligatorisch. Diese kann, wie es im PKW Standard ist, durch eine hydrostatische oder energiesparendere elektrische Hilfskraftlenkung (Electric-Power-Steering) unterstützt und durch eine Überlagerungslenkung geschwindigkeitsabhängig (Active-Front-Steering) in ihrem Verhalten beeinflusst werden [Wal2006].

In mobilen Arbeitsmaschinen werden verschiedene Anordnungen von Lenkanlagen unterschieden. Üblicherweise kommen Drehschemel-, Achsschenkel-, Allrad- (mit Hundegang) oder Knicklenkungen zum Einsatz [Böt2008]. Hierbei liegen die Drücke in den hydrostatischen Kreisen bei 50-150 bar.

Zur Darstellung der Steuer- sowie Regelmechanismen in der Lenkanlage einer mobilen Arbeitsmaschine wird beispielhaft die weit verbreitete, in die LS-Hydraulik integrierbare, hydrostatische Hilfskraftlenkung ohne mechanische Verbindung betrachtet [Mat2006]. Sie besteht aus der Lenkeinheit, einer LS-Verstellpumpe und einem Prioritätsventil.

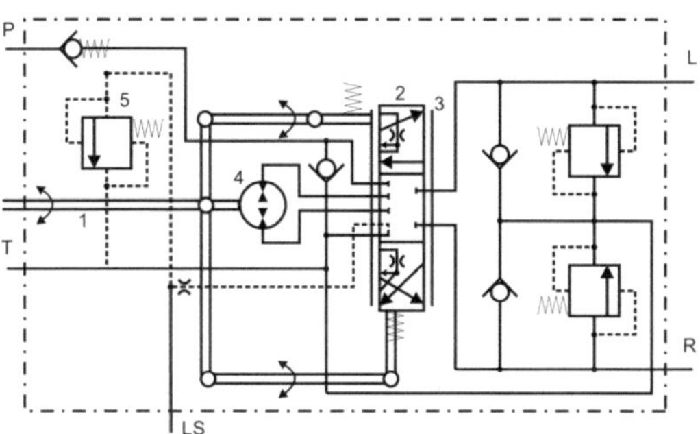

Bild 4-1: Lenkeinheit einer hydrostatischen Hilfskraftlenkung mit LS-Leitung, [Bos2007a]

In der Lenkeinheit (**Bild 4-1**) wird über die Lenksäule (**1**) der Steuerkolben (**2**) des Lenkventils in Drehschieberbauweise gegen das Ventilgehäuse (**3**) verdreht. Der freigegebene Volumenstrom des Pumpenanschluss (**P**) wird über den Zahnringmotor (**4**) so lange zu den Lenkzylinderanschlüssen (**L, R**) gefördert, bis die federbelastete Ventilhülse der Schieberposition gefolgt ist (Folgekolbenprinzip). Das Vorsteuerventil (**5**) liefert das LS-Drucksignal (**LS**), das zur Steuerung des Prioritätsventils und der Verstellpumpe verwendet werden kann.

Die eigentliche Regelung in der Lenkanlage beschränkt sich auf die Differenzdruckregelung über dem Lenkventil. Wie in herkömmlichen LS-Systemen erfolgt der Abgleich zwischen der Δp-Vorgabe und dem über die LS-Feder verglichenen Istdruck. Stellgröße der Regelung ist die Prioritätsventilposition und der Verstellwinkel der LS-Pumpe.

Damit können die Lenkanlage mit der Möglichkeit der Einleitung eines Lenkradwinkels bzw. Lenkradmoments als Steller und die LS-Lenkeinheit mit dem Lenkzylinder sowie den Rädern als Strecke aufgefasst werden. Das System stellt eine Steuerung dar, die durch die Rückkopplung mit dem Fahrer zum Regelkreis geschlossen wird. Kommt es durch innere Störgrößen, wie unterschiedliche Öltemperaturen im Lenkkreis, oder äußere, wie Lenkschläge zu Kursabweichungen, müssen diese durch das Lenkverhalten des Fahrers ausgeglichen werden. Eine Rückführung des Lenkwinkels und ein Abgleich mit der Sollwertvorgabe des Fahrers an der Betätigungseinrichtung existiert nicht.

4.1.2 Bremsanlage

Nach [Bre2008] werden alle Einrichtungen, in denen sich der Bewegung eines Fahrzeuges entgegensetzende Kräfte erzeugt werden, als Bremsen bezeichnet.

In mobilen Arbeitsmaschinen sind das in der Regel die Feststellbremse und die Betriebsbremse. Letztere kann zur Vermeidung erhöhten Verschleißes durch die Motorbremse entlastet werden. Die durch Kompressionsarbeit in Wärme umgesetzte Energie ist verloren. Deshalb werden im Rahmen des Fahrzeugenergiemanagements neue Ansätze entwickelt, die die Rekuperation (elektrisch, hydraulisch) der Bremsenergie ermöglichen. Die Regelmechanismen dieser sich in der Entwicklung befindlichen Konzepte, die lt. Definition als Bremse fungieren können, werden im weiteren Verlauf der Arbeit nicht betrachtet. Sie können aber in den in **Kapitel 5** entwickelten dynamischen Ansatz eines Gesamtmaschinenmanagements integriert werden.

Die herkömmliche Betriebsbremse in mobilen Arbeitsmaschinen wird vom Fahrer via Fußpedale betätigt und es erfolgt eine pneumatische, hydraulische oder elektrische Kraftübertragung. Trotz geringer Fahrgeschwindigkeiten ist die erforderliche Bremsleistung aufgrund der hohen zu verzögernden Fahrzeugmassen groß. Die überschüssige kinetische Energie wird zur Verzögerung der Maschine in der Betriebsbremse durch die Bremsarbeit in Wärme umgewandelt. Dabei kommen unterschiedliche konstruktive Formen von Radbremsen zum Einsatz, die sich wegen des Prinzips der Bremskraftentstehung und der Reibpartner in ihrem Bremsenkennwert unterscheiden. In mobilen Arbeitsmaschinen werden selten Trommelbremsen, aber trocken- oder ölgebadete Grauguss-Einscheibenbremsen sowie Lamellenbremsen eingesetzt. [Bos2003, Mey2004].

Der Aufbau einer Bremsanlage in mobilen Arbeitsmaschinen wird beispielhaft an einer typischen Traktorbremsanlage erläutert. Im Unterschied zu anderen Maschinen sind die Hinterräder nicht nur zusammen, sondern für das Lenkbremsen auch über zwei separate Pedale getrennt bremsbar. Bei Bremsenbetätigung wird der Allradantrieb eingekuppelt, sodass die Vorderräder durch die Bremswirkung der Hinterradbremsen ebenfalls verzögert werden.

Zu den Grundbestandteilen der Bremsanlagen mit üblichen Dauerdrücken von 50-150 bar zählen eine Servopumpe mit Tank für die Energieversorgung, die mit den Fußpedalen betätigbaren Hauptbremszylinder, die Bremsleitungen und die Radbremszylinder, die die Kraft über Hebel an die Bremsscheiben übertragen. Für ein fail-safe-Verhalten sind die oft elektrohydraulisch kontrollierten mechanisch betätigten Feststellbremsen so konzipiert, dass die Bremsscheiben bei stehendem Motor durch die Feder eines entlasteten Federspeichers an die Druckscheiben gepresst werden.

Im PKW- oder Nfz-Bereich gehören Regelsysteme wie das Anti-Blockier-System (ABS), die Anti-Schlupf-Regelung (ASR) und das Elektronische Stabilitätsprogramm (ESP) zum Stand der Technik [Bos2003]: Das ABS verhindert das Blockieren eines Rads, indem es bei einer während des Verzögerungsvorgangs auftretenden hohen Drehzahldifferenz zwischen einzelnen Rädern den Bremsdruck im Bremszylinder des am langsamsten laufenden Rads reduziert. Die Funktionsweise eines einfachen ASR-Systems ist reziprok, sodass mit dem Überschreiten des Kraftschlussmaximums während eines Beschleunigungsvorgangs der Bremsdruck im Bremszylinder des durchdrehenden Rads erhöht und die Traktion wiederhergestellt wird. Das ESP kombiniert und erweitert diese beiden Ansätze, indem es unter Verwendung zusätzlicher Fahrdynamikinformationen (Gierrate, Beschleunigung, Lenkwinkel) gezielt Bremseingriffe vornimmt, um die Fahrzeugstabilität zu erhalten.

Vergleichbare Systeme sind in mobilen Arbeitsmaschinen wenig verbreitet, werden aber mit steigenden Fahrgeschwindigkeiten weiter Einzug erhalten. Ein Beispiel hierfür ist das Traktor-ABS der Puma CVX-Baureihe der Fa. Case IH. Es transformiert den kompressorseitig zur Verfügung gestellten Luftdruck in einen zur Regelung der hydraulischen Betriebsbremse erforderlichen Druck [Cas2010]. Der für Traktoren der Fa. Fendt verfügbare Fahrstabilitätsregler (Fendt Stability Control, FSC) soll, vergleichbar mit der Funktionsweise eines ESP, die Nick-, Wank- oder Pendelbewegungen während des Bremsvorgangs reduzieren. Die Realisierung erfolgt aber nicht durch einen Eingriff in die Bremsanlage, sondern durch Variation der Dämpfung der Vorderachsfederung [Agc2010].

Zusammenfassend wird festgehalten, dass die übergeordneten Steuermechanismen der Bremsanlage üblicherweise auf den Überdrehzahlschutz und die Möglichkeit des Inchens, wie sie in den Systemen bei Baumaschinen vorkommen, beschränkt sind.

4.1.3 Kühlanlage

Die Kühlanlage in mobilen Arbeitsmaschinen (vgl. **Bild 4-2**) hält die Kühlmedientemperatur der Maschine in Bereichen, die die Wärmeaufnahme der zu kühlenden Komponenten ermöglicht.

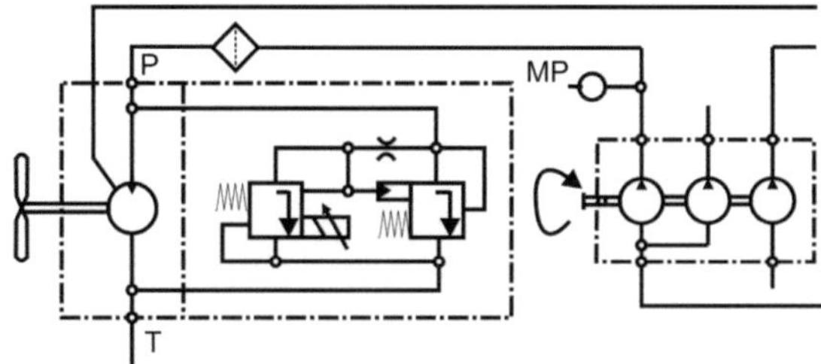

Bild 4-2: Schema des Lüfterantriebs im Radlader L550 der Fa. Liebherr, [Lie2009]

Sie umfasst für den Dieselmotor die Kühlmittel-, die Ladeluft- sowie die Kraftstoffkühlung und für das Getriebe sowie die Arbeitshydraulik die Getriebeöl- und Hydrau likölkühlung. Da der Fahrtwind nicht ausreichend ist, wird der zur Kühlung erforderliche Luftstrom durch ein elektrisch oder hydraulisch angetriebenes Lüfterrad erzeugt. Zur Reinigung der Kühlanlage können reversierbare Lüfter die Lüfterschaufeln drehen, um einen Luftstrom entgegengesetzt zu der normalen Strömungsrichtung zu erzeugen. Die Drehzahl eines hydraulisch betriebenen Lüfterrads nach der abgebildeten Anordnung hängt von der antreibenden Dieselmotordrehzahl und der temperaturabhängigen Bestromung des elektro-hydraulisch ansteuerbaren Druckbegrenzungsventils ab.

Für die Einbeziehung in ein Gesamtmaschinenmanagement besteht demnach der Freiheitsgrad in der Ventilbestromung und damit der Drehzahlsteuerung des Lüftermotors.

Bei gestiegener Kühlmitteltemperatur kann beispielsweise bei Bergabfahrt die Leistung der Betriebsbremse oder des Retarders verringert werden, um die Lüfterleistung und damit die Kühlleistung zu erhöhen.

4.1.4 Fahrantrieb

Sowohl der Fahr- als auch der Arbeitsantrieb für mobile Arbeitsmaschinen lassen sich nach ihrer Struktur gliedern. Sie unterscheiden sich in der Art der Energieversorgung, dem Primärenergielieferanten, den Komponenten zur Energiewandlung und ihren Endverbrauchern. Eine Übersicht möglicher Antriebsstrukturen gibt **Bild 4-3**.

Struktur / Funktion	Diesel-Mechanik	Diesel-Hydrostatik		Diesel-Elektrik	Batterie-Elektrik	
Energie-reservoir	Kraftstoff-tank	Kraftstoff-tank	Hydro-speicher	Kraftstoff-tank	Batterie	Elektro-speicher
Primärenergielieferant	Diesel-motor	Diesel-motor		Diesel-motor	Elektromotor mit Leistungs-elektronik	
Energie-wandlung	Wandler (Kupplung)	Hydro-pumpe		Generator	Hydro-pumpe	
		Ventil-steuerung		Leistungs-elektronik	Ventil-steuerung	
Energie-verbraucher	Mechanisches Getriebe	Linear- / Rotations-motor		Elektro-motor	Linear- / Rotations-motor	
Beispielmaschine	Valtra Valmet 8050E	Liebherr L550		Liebherr T282	Linde E35	

Bild 4-3: Antriebsstrukturen mobiler Arbeitsmaschinen, in Anlehnung an [Bos2009b]

Für die weitere Betrachtung werden diesel-mechanische und diesel-hydrostatische Antriebsstrukturen berücksichtigt, da die darin verbauten Antriebskomponenten für die in **Kapitel 6** am Beispiel des L550 dargestellte Optimierung der Betriebsführung relevant sind.

Mechanische Getriebe

Mechanische Getriebe dienen der Wandlung und der Übertragung von Bewegungen und Kräften. Im Antriebsstrang mobiler Arbeitsmaschinen werden die übertragenen Drehmomente sowie die Drehrichtung und damit der Leistungsfluss gewandelt. Mechanische Getriebe können in Stufenlosgetriebe und Stufengetriebe unterteilt werden. Letztere untergliedern sich in nicht schaltbare, schaltbare und automatisiert betätigte Getriebe.

In einer Reihe von Maschinen werden die verschiedenen Ausprägungen mechanischer Getriebe kombiniert. In Traktoren mit rein mechanischem Fahrantrieb, wie beispielsweise dem Valmet Valtra 8050E, ist heute oft ein automatisiert betätigtes Teillastschaltgetriebe verbaut. Die zugkraftunterbrechungsfreie Schaltung der Lastschaltstufen erstreckt sich nur über den vorher durch manuelles Schalten gewählten Bereich [Val2005].

Ein Beispiel für ein vollautomatisiertes mechanisches Getriebe ist das in den Baureihen Ares und Axion verbaute Hexashift-Getriebe der Fa. Claas. Der Bediener wählt den gewünschten Gang und sowohl die Kupplungsbetätigung als auch das Schalten erfolgen dann automatisiert. Mit einer Schaltautomatik als Sonderausstattung wird das vollautomatisierte Getriebe zu einem Automatikgetriebe [Cla2010]. Einen guten Überblick über aktuelle mechanische Getriebestrukturen in Arbeitsmaschinen geben [Koh2008, Gei2009].

Je nach Automatisierungsgrad des Getriebes wird nach der hydraulischen Kupplungsbetätigung der Schaltvorgang durch unterschiedliche äußere Schaltelemente (Wählhebel, Armlehnenbedienung) angestoßen. Mittels mechanischer, mechanisch-hydraulischer oder mechanisch-elektrischer Übertragungselemente werden die inneren Schaltelemente (Schaltstangen, Synchronisierungen, Schaltklauen) für den Gangwechsel verstellt. Zur Erzeugung des Gleichlaufs verschiedener Wellen für den Einrückvorgang mit anschließendem Einkuppeln kommen in modernen Getrieben eine Vielzahl von Sensoren und Aktoren zum Einsatz.

Sofern Automatikgetriebe unberücksichtigt bleiben, ergibt sich auf höchster Ebene der in mobilen Arbeitsmaschinen verbauten mechanischen Getriebe mindestens ein Freiheitsgrad, der beeinflussbar ist. Er liegt in der Wahlmöglichkeit einer Schaltkonfiguration, die die aktuellen Drehmoment- und Geschwindigkeitsanforderungen des Fahrers erfüllt.

Hydrostatik

Im Fahrantrieb mobiler Arbeitsmaschinen kommen aufgrund ihrer hohen Leistungsdichte und der Möglichkeit einer unterbrechungsfreien Zugkraftübertragung häufig teil- sowie vollhydrostatische Getriebe zum Einsatz. Nach [Ren2004] werden sie strukturell nach den Charakteristika Art der Hubvoluminaverstellung (primär, sekundär, kombiniert), Integrationsgrad (Stufengetriebe) und konstruktives Gesamtkonzept (kompakt, aufgelöst) unterschieden. Die Basis aller abgeleiteten Getriebekonzepte besteht in der Regel aus einem geschlossenen hydrostatischen Kreis, in dem eine Verstellpumpe (Primärverstellung) einen Ölmotor mit konstantem oder verstellbarem Schluckvolumen antreibt. Die prinzipbedingten Verluste in einem hydrostatischen Getriebe gemäß obiger Strukturvarianten ergeben sich additiv aus den Verlusten in den Hydrostaten, den Leitungen sowie den Ventilen der Peripherie (Spülkreis, Stellventile) und der wahlweise integrierten Mechanik.

Verstellpumpe

Pumpen dienen in der Fluidtechnik der Umformung von mechanischer in hydraulische Energie. Sie werden nach der Art des Verdrängerprinzips in Zahnrad-, Flügelzellen- und Kolbenpumpen untergliedert. Aufgrund ihrer Robustheit und vergleichsweise niedrigen Kosten kommen in mobilen Arbeitsmaschinen überwiegend Außen- sowie Innenzahnradpumpen und Axialkolbenpumpen (Schrägachse, Schrägscheibe) zum Einsatz. Übliche Drücke im geschlossenen hydrostatischen Kreis des Fahrantriebs liegen im Bereich von 150-450 bar, die Drehzahlen zwischen 1.000 und 3.000 min^{-1}. Der effektive Volumenstrom $Q_{eff,P}$ berechnet sich aus dem Produkt von Eingangsdrehzahl n_{in}, aktuellem Fördervolumen $V_P(\alpha)$ und volumetrischem Wirkungsgrad $\eta_{vol,P}$ **(4.1)**.

Das effektive Drehmoment $T_{eff,P}$ errechnet sich aus der anliegenden Druckdifferenz Δp und dem hydraulisch-mechanischen Wirkungsgrad $\eta_{hm,P}$ nach (**4.2**).

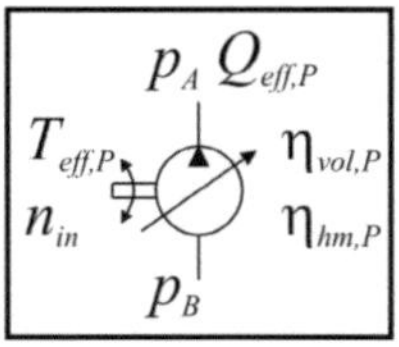

$$Q_{eff,P} = n_{in} \cdot V_P(\alpha) \cdot \eta_{vol,P} \qquad (4.1)$$

$$T_{eff,P} = \frac{\Delta p \cdot V_P(\alpha)}{2\pi} \cdot \frac{1}{\eta_{hm,P}} \qquad (4.2)$$

Bild 4-4: Verstellpumpe

Zur Veränderung des Fördervolumens kann die Verstelleinrichtung der Pumpe auch manuell bedient werden, wird in mobilen Arbeitsmaschinen aber üblicherweise hydraulisch oder elektromotorisch angesprochen. Bei hydraulischer Verstellung wirkt ein Steuerdruck auf die Flächen eines Stellzylinders und beaufschlagt über mechanische Hebel die Verstelleinrichtung der Pumpe mit der Stellkraft. Dadurch wird proportional zur Steuerdruckdifferenz der Verstellwinkel verändert und das Fördervolumen der Einheit stufenlos variiert.

Für den Betrieb von Verstellpumpen bieten Hersteller verschiedene Komponentenregeleinrichtungen an, vgl. [Bos2008].

- Druckregler: Der maximale Pumpenausgangsdruck wird innerhalb des Regelbereiches der Pumpe auf den stufenlos über ein Steuerventil einstellbaren Maximaldruck begrenzt (**Bild 4-5 (a)**).

- Volumenstromregler: Der von der Pumpe geförderte Volumenstrom innerhalb des Hydrauliksystems wird konstant gehalten (**b**).

- Leistungsregler: Bei gleichbleibender Antriebsdrehzahl wird das Aufnahmedrehmoment der Pumpe konstant gehalten, sodass die maximale Antriebsleistung nicht überschritten wird. Aus der Kopplung des Arbeitsdrucks mit der Pumpenverstellung (und damit dem Volumenstrom) wird die entsprechende Leistungshyperbel approximiert. Es handelt sich um eine Steuerkette mit Kraftabgleich (**c**).

- Drehzahlregelung: In Abhängigkeit der Antriebsdrehzahl wird der Volumenstrom über einen Steuerdruck von minimal auf maximal verstellt. Für die Regelung des Förderstroms in Abhängigkeit der Dieselmotordrehzahl wird in Fahrantrieben mobiler Arbeitsmaschinen oft die Pumpe zusammen mit der Druckabschneidung, der Speise- sowie der Betriebsdruckbegrenzung und einer Speisepumpe in einer Verstelleinheit integriert.

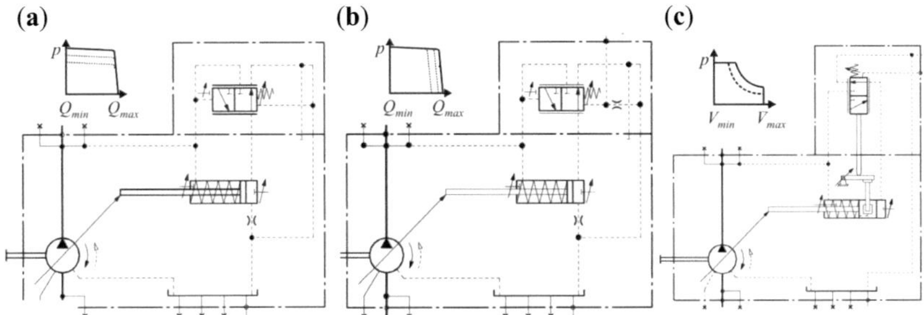

Bild 4-5: Elementare Regelungsarten einer Verstellpumpe, [Bos2008]

- Grenzlastregelung: Um in mobilen Arbeitsmaschinen das Absterben des Dieselmotors aufgrund einer zu hohen Leistungsforderung (Summenleistung aus Fahr und Arbeitshydraulik) zu verhindern, wird die Forderung der Arbeitshydraulik priorisiert; die Fahrgeschwindigkeit sinkt. Hierfür erfasst ein Regelventil über eine Messblende das Überschreiten der maximal zugelassenen Motordrückung und induziert die Verringerung des Verstelldrucks am Verstellzylinder der Pumpe, was zu einem Zurückschwenken der Pumpe führt.

Verstellmotor

Verstellbare hydrostatische Rotationsmotoren dienen der Umformung von hydraulischer in mechanische Energie. Ihre Funktionsweise, Verdrängerprinzipien und Verstellmöglichkeiten entsprechen denen der Verstellpumpe. Der effektive Volumenstrom $Q_{eff,M}$ und das Effektivmoment $T_{eff,M}$ werden nach den Gleichungen (**4.3, 4.4**) berechnet.

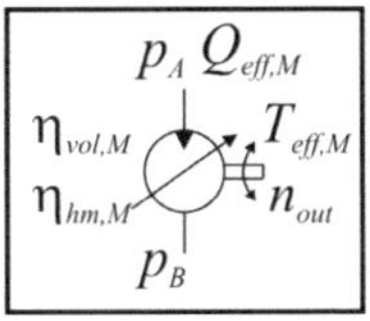

$$Q_{eff,M} = n_{in} \cdot V_M(\alpha) \cdot \frac{1}{\eta_{vol,M}} \qquad (4.3)$$

$$T_{eff,M} = \frac{\Delta p \cdot V_M(\alpha)}{2\pi} \cdot \eta_{hm,M} \qquad (4.4)$$

Bild 4-6: Verstellmotor

Die Steuerungs- und Regelungsarten heutiger Verstellmotoren in mobilen Arbeitsmaschinen werden beispielhaft an einem Axialkolben-Verstellmotor dargestellt, vgl.

[Bos2007b]. Der Motor ist zusammen mit den erforderlichen Steuer-, Regel- und Stelleinrichtungen in einem Gehäuse verbaut.

- Steuerdruckabhängige Volumenstromsteuerung: Die steuerdruckabhängige Verstellung ermöglicht die stufenlose Einstellung des Schluckvolumens proportional zum anliegendem Steuerdrucksignal.

- Zweipunktsteuerung: Durch Zu- oder Abschaltung des Steuerdrucks wird das Schluckvolumen entweder auf das minimale oder auf das als Maximum vorgegebene Volumen eingestellt.

- Betriebsdruckabhängige Volumenstromsteuerung: Das Schluckvolumen wird in Abhängigkeit des Betriebsdrucks eingestellt. Der intern gemessene Betriebsdruck wird mit dem einstellbaren Schwellenwert verglichen. Mit Erreichen des Schwellenwerts schwenkt der Motor mit steigendem Betriebsdruck in Richtung des maximalen Schluckvolumens.

4.1.5 Arbeitsantrieb

Die Energieversorgung der Arbeitshydraulik in mobilen Maschinen erfolgt in der Regel im offenen Kreislauf, der mit geringem Aufwand erweitert und angepasst werden kann. Der erforderliche Volumenstrom und Arbeitsdruck wird von Konstant- oder Verstellpumpen bereitgestellt, die gesteuert oder geregelt betrieben werden können. Übliche Dauerdrücke in der Arbeitshydraulik für landtechnische Anwendungen liegen im Bereich von 150-200 bar, in Baumaschinen bei bis zu 310 bar. Je nach Steuerungskonzept ergeben sich aus Sicht eines Maschinenmanagementsystems unterschiedliche Möglichkeiten, die Ansteuerung und Regelung der Arbeitshydraulik zu beeinflussen. Diese systembedingten Freiheitsgrade werden im Folgenden herausgearbeitet, um sie später in die gesamtheitliche Optimierung einzubeziehen.

Konstantstromsystem (Open-Center-System)

Die Grundschaltung des Konstantstromsystems (Open-Center-System) setzt sich aus einer Konstanteinheit, einem Maximaldruckventil und den seriell (Sperrschaltung) oder parallel angeordneten Verbrauchern inklusive ihrer Wegeventile zusammen. Im Neutralumlauf hängt der Wirkungsgrad des Systems nur vom Pumpenwirkungsgrad sowie den volumenstromabhängigen Druckverlusten in den Leitungen und Ventilen ab. Bei einer Leistungsanforderung eines Verbrauchers ergeben sich zusätzliche Verluste durch die Abdrosselung des bereitgestellten Überschussvolumenstroms am

Verbraucher auf das Druckniveau des Tanks. Die prinzipbedingten Verluste können durch die Konzepte des „Negative Control" und des „Positive Control" verringert werden [Mur2008].

Konstantdrucksystem (Closed-Center-System)

Im Konstantdrucksystem (Closed-Center-System) passt die Pumpe den Fördervolumenstrom an den geforderten Verbrauchervolumenstrom an. Das mittels Druckbegrenzungsventil mit einem Maximaldruck abgesicherte System hält ein konstantes Druckniveau.

In Neutralstellung (Center-Stellung) ist das Hauptwegeventil geschlossen, sodass die Pumpe bei Maximaldruck nur den Leckagestrom ausgleicht (Nullhubregelung). Bei anderer Ventilstellung verschwenkt die Pumpe so, dass der Summenvolumenstrom aller Verbraucher gefördert wird und der Systemdruck aufrecht erhalten wird.

Load-Sensing-System

Um die Systemverluste in der Arbeitshydraulik mobiler Arbeitsmaschinen zu verringern, werden Differenzdruckregelungen, sogenannte Load-Sensing (LS)-Systeme aufgebaut [Mat2006]. Es gibt verschiedene Varianten von LS-Systemen, die aber alle demselben Funktionsprinzip genügen: Mithilfe einer Druckwaage wird die messblendenseitig eingestellte Druckdifferenz über dem LS-überwachten Teilsystem aufrechterhalten. Der Maximaldruck vor den Verbrauchern entspricht damit der Summe aus dem maximal erforderlichen Verbraucherdruck und dem LS-Druck. Bei Mehrverbrauchersystemen, die auf unterschiedlichen Druckniveaus arbeiten, kann die Lastabhängigkeit durch die Integration vor- oder nachgeschalteter Druckwaagen kompensiert werden. Detaillierte Informationen zu LS-Systemen, ihren verschiedenen Ausführungen und deren Weiterentwicklungen finden sich in [Mur2008].

4.2 Maschinenebene

In den folgenden Abschnitten des Kapitels werden drei Maschinenbeispiele mit für mobile Arbeitsmaschinen typischen Antrieben (Fahr-, Arbeitsantriebe) untersucht. Das Ziel der Analyse ist zum einen eine Übersichtsdarstellung der Hauptleistungsflüsse innerhalb der Maschinen. Zum anderen werden die hierarchisch höchsten Steuer- sowie Regelmechanismen und ihre Abhängigkeiten dargestellt. Die Ergebnisse bilden die Basis für den zu entwickelnden Ansatz eines Gesamtmaschinenmanagements.

Es werden ein Traktor mit mechanischem Getriebe und Open-Center-Arbeitshydraulik, ein Radlader mit hydrostatischem Fahrantrieb und LS-Arbeitshydraulik sowie ein Traktor mit hydrostatisch-mechanisch ausgangsseitig gekoppeltem Leistungsverzweigungsgetriebe und LS-/Power-Beyond-Arbeitshydraulik untersucht.

4.2.1 Valtra Valmet 8050E

Der Standardtraktor Valmet 8050 E der Fa. Valtra wird von einem wassergekühlten 6,6 l-Hubraum 6-Zylinder-Reihendieselmotor mit Direkteinspritzung angetrieben (Sisu 620 DSRE). Bei einer Nenndrehzahl von 2.200 min^{-1} beträgt die Leistungsabgabe 81 kW. Das maximale Drehmoment von 490 Nm wird bei 1.300 min^{-1} erreicht, was einem Drehmomentanstieg von 39 % entspricht.

Für den Vortrieb wird die Motorleistung über ein mechanisches 36/36-Zahnradgetriebe zum Abtrieb übertragen. Das mechanische Getriebe besteht aus einem elektrohydraulisch betätigten 3-stufigen Lastschaltgetriebe, dem DPS 650, drei Fahrbereichsübersetzungen und vier Getriebestufen für die Gangwahl. Die Kupplungen im Getriebe, die Zapfwellenbetätigung, die Differentialsperre sowie die Druckschmierung von Fahr- und Zapfwellengetriebe werden durch den mit 18 bar abgesicherten Niederdruckkreis gespeist.

Der Hochdruckkreis versorgt bei maximal 190 bar die Lenk- und Arbeitshydraulik. Beide Hydraulikkreise sind als OC-Konstantstromsysteme mit Parallelversorgung der Verbraucher ausgeführt und werden von zwei Konstantpumpen (25 cm^3/U, 8 cm^3/U) in Tandembauweise gespeist. Die Hauptleistungspfade sind in **Bild 4-7** dargestellt.

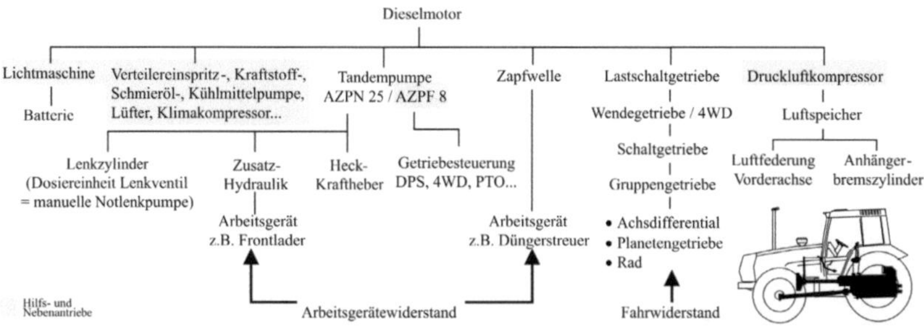

Bild 4-7: Leistungspfade im Traktor Valmet 8050 E

Das Ergebnis einer Analyse der Steuer- sowie Regelmechanismen des Valmet 8050 E mit elektronischem Kontrollsystem (ECS) der Version Autocontrol IV (AC IV) kann der nachfolgendern **Tabelle 4-1** entnommen werden.

Steuer- und Regelstrukturen der Teilsysteme

Teilsystem	Regel- / Steuergröße	Regler / Steuergrößengeber	Messglied	Steller	Strecke	Störgröße
Diesel-motor Sisu 620 DSRE	Motordrehzahl n_{VKM}	Fliehkraftregler	Regelfeder	Gaspedal, Regelstange	Einspritzsystem, Brennraum	Lastmoment
Last-schalt-getriebe (DPS)	Schaltsignal	ECS AC IV • n_{VKM}-abhängig • Δn_{VKM}-abhängig	Induktiver n_{VKM} - Sensor	Ventile, 3 DPS-Kupplungen	Getriebe	Lastmoment, Pedalwert
Lenkung	LS-Druck p_{LS}	LS-Lenkventil	LS-Regelfeder	Steuerkolben	Lenkzylinder	Lenkbewegung
Allrad (4WD)	Schaltsignal ON OFF	ECS AC IV Schlupfabhängig • $S_{VH} > 9\,\%$ • $S_{VH} < 2\,\%$	Induktiver n_{VA}- und n_{HA}-Sensor $S_{VH}=|(n_{VA}- n_{HA})\,/n_{VA}|$	Ventile, Kupplung	Getriebe	Beschleunigung, Traktionsänderung
Differentialsperre	Schaltsignal ON OFF	ECS AC IV • $S_{LR} > 20\,\%$ • $\alpha_{Lenk} > |15°|$ • $v > 12$ km/h • Bremse: ON	Induktiver n_{HL}- und n_{HR}-Sensor, Näherungsschalter Winkelgeber $S_{LR}=|(n_{HL}- n_{HR})\,/n_{HL}|$	Ventile, Kupplung	Getriebe	Beschleunigung, Traktionsänderung
Fahrantrieb	Schlupf $S=(n_{HA}- n_0)\,/n_0$	ECS AC IV	v-Radarsensor, Induktiver n_{HA}-Sensor	EHR4-Regelventil	Kraftheberzylinder	Bodenklasse, Gerätelast, Luftdruck...
Zapfwelle (PTO)	Schaltsignal OFF	ECS AC IV • $S_{PTO} > 4\,\%$	n_{PTO}- und n_{VKM}-Sensor	Ventil, Rutschkupplung	PTO	PTO-Laständerung
Heck-Kraftheber	Position des Hubwerks	ECS AC IV	Kurvenscheiben-Induktivweggeber	EHR4-Regelventil	Kraftheberzylinder	Bodenklasse, Neigung
Heck-Kraftheber	Zugkraft	ECS AC IV	Lagerbolzen, magnetoelastischer Effekt	EHR4-Regelventil	Kraftheberzylinder	Bodenklasse
Vorderachsfederung	Position	Niveauregelventil	Niveauregelfeder	Positionsstange	Druckluftspeicher, Balg	Vorderachslast Anbaugerät

Tabelle 4-1: Steuer- und Regelmechanismen im Traktor Valmet 8050E

Die Tabelle zeigt einerseits, dass es eine Vielzahl möglicher Stelleingriffe im Traktor gibt. Andererseits belegt sie, dass die Anzahl der theoretisch für eine Maschinenoptimierung ansteuerbaren Komponenten entweder durch leistungsflussimmanente Restriktionen (starre mechanische Kopplung) oder durch subsystemspezifische, von anderen Systemen autonom arbeitende (komplexe, oft kaskadierte) Regler stark begrenzt ist . Damit sind die Ansteuerungsmöglichkeiten, ohne in die komplexen Reglerstrukturen der einzelnen Teilsysteme eingreifen zu müssen, oft gering, aber durch die Auflösung bestehender Restriktionen potenziell erweiterbar.

4.2.2 Liebherr Radlader L550

Der Radlader L550 der Fa. Liebherr ist der elektrifizierte Nachfolger des L544. Er wird von einem elektronisch geregelten, wassergekühlten, 4-Zylinder-Reihenmotor mit 6,36 l-Hubraum, Abgasturboaufladung mit Pumpe-Leitung-Düse (PLD)-Direkteinspritzsystem mit 130 kW (ISO 9249) versorgt.

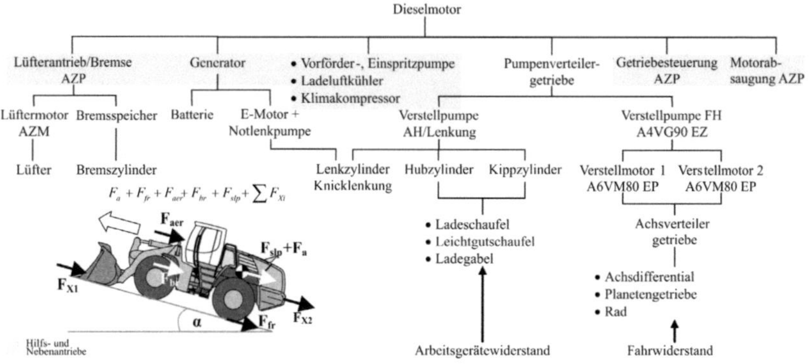

Bild 4-8: Hauptleistungspfade im Radlader L550

Die Motorleistung wird in einem einstufigen Stirnradgetriebe, dem Pumpenverteiler-getriebe (PVG), gesplittet und auf die Verstelleinheiten der Arbeitshydraulik bzw. Lenkung sowie des Fahrantriebs 2plus2® übertragen (**Bild 4-8**). Im volumenstromge-koppelten Fahrantrieb speist eine Axialkolbenpumpe in Schrägscheibenbauart (90 cm³/U) zwei parallele Schrägachsen-Verstellmotoren (80 cm³/U) und stellt bei maximal 430 bar Hochdruck über das Achsverteilergetriebe, einem 3-stufigen Last-schaltgetriebe, die Antriebsleistung zur Verfügung. Eine ebenfalls am PVG ange-flanschte LS-Verstellpumpe versorgt prioritätsgesteuert die Lenkung und die Arbeits-zylinder. Die Getriebesteuerung erfolgt elektrohydraulisch über ein Mastersteuergerät.

Steuer- und Regelstrukturen der Teilsysteme

Teilsystem	Regel- / Steuergröße	Regler / Steuergrößengeber	Messglied	Steller	Strecke	Störgröße
Diesel-motor D934 S A6	Motordrehzahl n_{VKM}	LH-ECU	Hallgeber Kurbelwelle	Injektoren	Einspritzsystem, Brennraum, ATL	Lastmoment
	Einspritzmenge	LH-ECU	Kühlmittel-, Diesel-Temperatursensoren, Membran-Ladeluftdruckgeber	Injektoren	Einspritzsystem, Brennraum, ATL	Lastmoment, Umgebungs-temperatur, Geodät. Höhe
Lüfter	Drehzahl (gesteuert)	Master-ECU-Kennfeld	Widerstands-Temperatursensor Ladeluft, Öl, Kühlm., n_{VKM}-Hallgeber	Proportional-ventil	Proportionalventil. Lüftertriebwerk	Temperatur-änderung, Beschleunigung
FA-Motoren	Schwenkwinkel	Master-ECU	Drehzahlsensor	Proportional-ventile	Stellzylinder, Triebwerk	Fahrgeschwin-digkeitsände-rung
FA-Pumpe	Schwenkwinkel (gesteuert)	Master-ECU	n_{VKM}-Hallgeber	Stellzylinder	Ventil, Stellzylin-der, Triebwerk	Beschleuni-gung, Rück-stellkraft
FA, AH	Grenzlast	Master-ECU	Hallgeber n_{VKM}	Stellzylinder FA und AH-Pumpe, Ser-vostat	Fahrantrieb, Arbeitsgerät, Lenkung, Diesel-motor	Laständerung
AH-Pumpe	Leistung P_{max}	Hyperbel-Regler	Regelfeder	Regelhe-bel,Ventil, Stellzylinder	AH-Pumpe	Laständerung
	Arbeitsdruck	LS-Regelventil	LS-Regelfeder	Stellkolben AH-Pumpe	Ventil, AH-Pumpe	Laständerung, Lenkeinschlag
Bremse, Inchven-til	Schwenkwinkel FA-Pumpe/Motoren	Master-ECU	Inchpedal-Winkelgeber	Stellzylinder	Pumpe/Motoren, Getriebe	Inchpedal-betätigung, Fahrwiderstand
Über-drehzahl-schutz	Dieselmotor-drehzahl	Master-ECU	Drehzahlsensor	Magnetventil	Bremszylinder, Lamellenbremse	Hangabtriebs-kraft
Federung Hubge-rüst	System-steifigkeit	Master-ECU	-	Stabilisierungs-modul	Leitungen, Hubge-rüst	Bodenwellen, Hubwerksbetä-tigung

Tabelle 4-2: Steuer- und Regelmechanismen im Radlader L550

Als übergeordnetes Konzept hat sich für den Fahrantrieb des Radladers die elektronische automotive Getriebesteuerung [Pfa2003] bewährt. Hierbei erfolgt die Winkelverstellung der beiden parallel geschalteten Verstellmotoren in Abhängigkeit der aktuellen Fahrgeschwindigkeit automatisiert. Hierfür ist im Mastersteuergerät ein Kennfeld hinterlegt, das in Abhängigkeit der Fahrgeschwindigkeit die Verstellung innerhalb der einzelnen Fahrbereiche vorgibt. Bei Aktivierung der hinterlegten Schaltstrategie veranlasst sie innerhalb jedes der drei Automatik-Fahrbereiche des Getriebes automatisiert den Gangwechsel. Die Pumpenverstellung erfolgt in Abhängigkeit des Steuerdrucks und der betriebsdruckbedingten Rückstellkräfte nach dem Prinzip der drehzahlabhängigen DA-Verstellung.

4.2.3 Fendt Traktor Vario 412

Der Vario 412 COM III der Fa. Fendt wird von einem wassergekühlten 4-Zylinder CR-Dieselmotor mit Vierventiltechnik, Abgasturboaufladung, Ladeluftkühlung und externer Abgasrückführung angetrieben. Der TCD 2012 der Fa. Deutz mit 4,04 l Hubraum liefert maximal 92 kW (bei 1.900 min^{-1}) und bei der Nenndrehzahl von 2.100 min^{-1} 85 kW (ECE R24).

Die Dieselmotorleistung treibt über Riementriebe und Zahnradstufen die im Leistungsfluss liegenden Hilfs- sowie Nebenaggregate an. Sie dienen der Erfüllung aller für den parallel zum Arbeitsprozess ablaufenden Fahrbetrieb erforderlichen Funktionen. Im Hauptleistungspfad wird die Dieselmotorleistung über ein Planetenverteilergetriebe auf den hydraulischen sowie mechanischen Zweig aufgeteilt. Die Großwinkeleinheiten in Schrägachsenbauweise, eine Verstellpumpe mit 67 cm^3 maximalem Fördervolumen sowie ein Verstellmotor mit 117 cm^3 maximalem Schluckvolumen werden im Verbund verstellt. Die hydrostatisch sowie mechanisch übertragenen Leistungsanteile werden auf der Summierwelle zusammengeführt und über die Fahrbereichsschaltung sowie das Differential zum Endabtrieb übertragen.

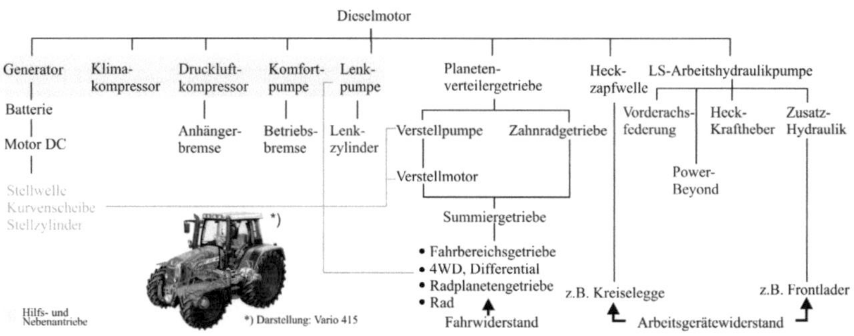

Bild 4-9: Leistungspfade im Traktor Vario 412

Neben der LS-Arbeitshydraulik kann für extern angeschlossene Zusatzhydraulik ein Volumenstrom am Power-Beyond-Anschluss abgegriffen werden. Das Lastsignal wird über die Lastmeldeleitung vom externen Verbraucher in die Maschine zurückgeführt.

Im Unterschied zu den beiden vorherigen untersuchten Maschinen verfügt der Fendt Vario 412 über ein hierarchisch übergeordnetes System, das Traktor Management

System (TMS). Es ermöglicht dem Fahrer die manuelle Auswahl einer von vier werksseitig vorgegebenen Betriebsstrategieen für den Traktor:

Fahrstrategie 1

Die erste Betriebsstrategie ermöglicht dem Fahrer, den Dieselmotor sowie das Getriebe unabhängig voneinander zu bedienen, vgl. **Bild 4-10**. Über das Gaspedal (**PV**) wird dem Dieselmotor eine Einspritzmenge vorgegeben, die der Wunschbeschleunigung des Fahrers entspricht (Betriebsmodus 2, vgl. **Kapitel 2**). Mit dem Fahrhebel (**JV1**) wird die Getriebeübersetzung i_{set} kontinuierlich verändert, um die Fahrgeschwindigkeit anzupassen. Bei konstant angenommenem Fahrwiderstand hat der Fahrer somit zum einen die Wahl, kraftstoffsparend zu fahren. Hierfür stellt er eine kleine Übersetzung und ein niedriges Drehmoment ein. Zum anderen kann für eine leistungsorientierte Fahrweise am Dieselmotor ein hohes Drehmoment bei großer Übersetzung gewählt werden. Nicht dargestellt ist die (wie in vielen mobilen Arbeitsmaschinen) integrierte Grenzlastregelung, die den Dieselmotor bei einem zu hohem Summenlastmoment durch die Verringerung der Getriebeübersetzung im Fahrantrieb vor dem Absterben schützt.

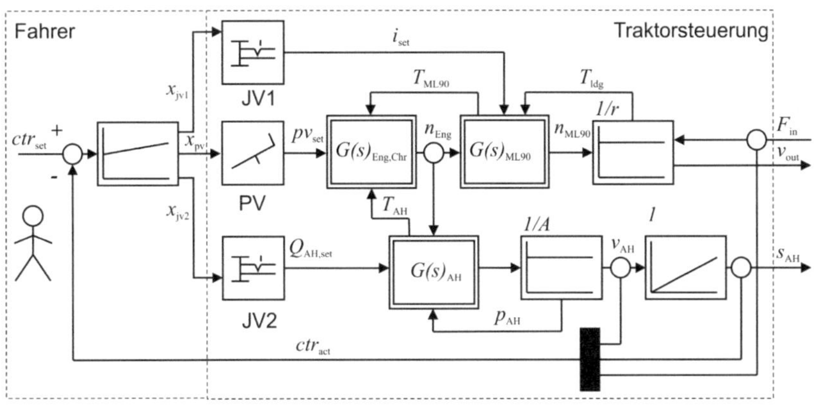

Bild 4-10: Betriebsstrategie 1 im Traktor Vario 412

Das über die Räder in den Antriebsstrang eingeleitete Lastmoment T_{ldg} wirkt über das Getriebe und die inverse Getriebeübersetzung in Form des Getriebemoments T_{ML90} auf den Dieselmotor zurück. Dieser wird zusätzlich durch die manuell mit einem Joystick (**JV2**) bedienbare Arbeitshydraulik mit einem Drehmoment T_{AH} beaufschlagt.

Fahrstrategie 2

Bei Aktivierung der Fahrstrategie 2 bedient der Fahrer den Fahrantrieb des Traktors nur über das Gaspedal (**PV**), über (**JV2**) wird die Arbeitshydraulik angesteuert, vgl. **Bild 4-11**. Er gibt einen Geschwindigkeitswunsch v_{set} vor, aus dem mittels eines EDC-seitig hinterlegten Kennfelds die Motorsolldrehzahl n_{set} sowie die Sollgetriebeübersetzung i_{set} berechnet werden. Es besteht ein fester Zusammenhang zwischen Dieselmotordrehzahl und Getriebeübersetzung, vergleichbar mit dem Ansatz der automotiven Steuerung im L550. Für die Anpassung des Beschleunigungsverhaltens kann dieser Zusammenhang durch die Auswahl einer von vier Varianten vom Benutzer auf die Fahrsituation angepasst werden. Die Fahrstrategie bietet sich für Frontladerarbeiten an.

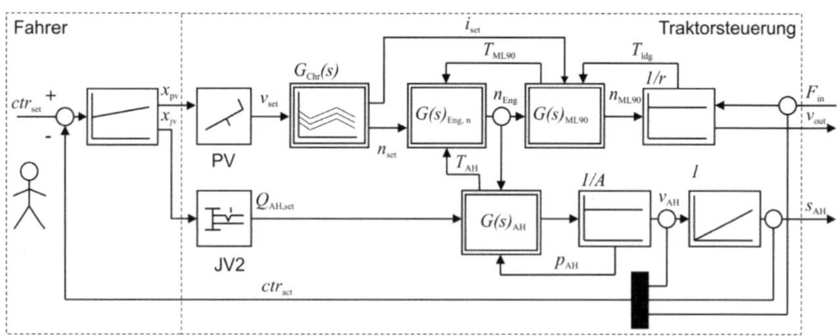

Bild 4-11: Betriebsstrategie 2 im Traktor Vario 412

Fahrstrategie 3 und 4

Bei Wahl der Fahrstrategie 3 gibt der Fahrer wie in Strategie 2 über das Gaspedal einen Geschwindigkeitswunsch als Führungsgröße vor. Die Ansteuerung des Dieselmotors sowie des Getriebes erfolgt automatisiert über das hinterlegte Kennfeld. In Erweiterung zur Strategie 2 wird zur Berechnung der Motorsolldrehzahl n_{set} sowie der Sollgetriebeübersetzung i_{set} das auf den Dieselmotor wirkende Summenlastmoment aller angetriebenen Teilsysteme in die Berechnung einbezogen.

Die Fahrstrategie 4 genügt denselben Wirkprinzipien wie die Fahrstrategie 3. Der einzige Unterschied liegt im Sollwertgeber, der bei Fahrstrategie 4 der Fahrhebel und nicht wie in Strategie 3 das Gaspedal ist. Die Arbeitshydraulik wird ebenfalls über den Joystick JV2 angesteuert.

Zusammenfassung

Die untersuchten Maschinen weisen eine Vielzahl von Steuer- sowie Regelungsstrukturen auf. Diese sind auf der höchsten Hierarchieebene, der des Maschinenbedieners, teilweise gar nicht oder nur innerhalb der herstellerseitig vorgegebenen Grenzen beeinflussbar. Beispiele hierfür sind die beschriebenen teil- oder vollautomatisierten Verstellungen einzelner Systeme. Das ist im Liebherr Radlader L550 bei der Gangwahl in den Automatikfahrbereichen und im Fendt Vario 412 Traktor bei der Getriebe- bzw. Motorverstellung innerhalb der vorgegebenen Fahrstrategien der Fall.

Diese Ansätze für übergeordnete Regelungs- und damit Bedienkonzepte bieten dem Fahrer einen hohen Komfort bei einfacher Handhabbarkeit immer komplexerer Systeme. Zusätzlich profitieren die Fahrer von der langjährigen Erfahrung und dem in ausgiebigen Tests erworbenen Wissen der Herstellerfirmen, das sich in Form der in verschiedenen Strategien berücksichtigten Optimierung einzelner Betriebsgrößen (Verbrauch, Maximalleistung) widerspiegelt.

Maschinen werden aber nicht nur für die von den Herstellern erdachten Haupteinsatzszenarien, sondern für eine große Bandbreite anders gearteter Einsätze verwendet. Für diese, in ihren Ausprägungen ex ante unvorhersehbaren Szenarien weisen die fest hinterlegten Betriebsstrategien bisher keine Möglichkeit einer Autoadaption auf. Deshalb wird im folgenden Kapitel ein weiterführender Ansatz, der vor dem Hintergrund einer stark begrenzten Anzahl möglicher Stelleingriffe die Basis eines umfassenden Gesamtmaschinenmanagements darstellt, entwickelt.

Hierbei stehen zwei Zielstellungen im Vordergrund: Erstens soll der Ansatz unter der Annahme eines bekannt angenommenen, aber frei wählbaren Lastzyklus durch Verstellung von Komponenten auf höchster Hierarchieebene (bzw. Veränderung der Sollwerte der unterlagerten Regelkreise) den Kraftstoffverbrauch minimieren.

Zweitens soll der Ansatz so erweiterbar sein, dass dynamische Effekte, die Auswirkungen auf den Wirkungsgrad haben, bei der Findung einer optimalen Betriebsführung berücksichtigt werden können.

5 Optimierte Betriebsführung mobiler Arbeitsmaschinen

Im vorliegenden Kapitel wird ein Ansatz für ein Gesamtmaschinenmanagement vorgestellt, das bei einem extern vorgegebenen Belastungsprofil die Betriebsführung einer mobilen Arbeitsmaschine optimiert. Das Ziel der Optimierung ist es, den über dem abgefahrenen Belastungsprofil integrierten Kraftstoffverbrauch zu minimieren bzw. den Wirkungsgrad zu maximieren. Für die weitere Ausarbeitung gilt hierbei immer die Nebenbedingung, dass die Umschlagsleistung der Maschine erhalten bleibt. Dadurch werden ex ante Lösungen ausgeschlossen, die auch bei einem verminderten Kraftstoffverbrauch unwirtschaftlich sind oder den verringerten Verbrauch durch Einbußen in der Leistungsfähigkeit der Maschine erkaufen.

Quelle	Fokus / Anwendungspotenzial	Umfang und Struktur
Bac2005	Dynamische Programmierung als Basis eines Prädiktivreglers für einen PKW-Parallelhybrid	Belmann-Optimierungsansatz für einen gleitenden Horizont
Bar2001	Optimierung der Wirtschaftlichkeit (Verbrauch, Emission) von Antriebskonzepten	Einbeziehung Dieselmotor, mech. Getriebe, el. Motor, el. Leistungsverzweigung (Seriellhybrid)
Böt2005	Leitlinienbasierte Geschwindigkeitsoptimierung eines Häckslers	Aufzeichnung der Leistungtrajektorie eines Schwaders, Lenkwinkel- und Antriebsregelung
Cla2010	Durchsatzmaximierung eines Mähdreschers	Fahrgeschwindigkeitsadaption abh. von der Dieselmotorlast und Schichthöhe im Schrägförderer
For2007	Antriebsstrangmanagement eines Hydraulikbaggers	Zyklenbasierte Stufung der Mode-schaltung des Baggers, lastabhängige Dieseldrehzahleinstellung
Göh1997	Kraftstoffminimierung im seriellen verbrennungsmot.-el. Hybridantrieb	Phlegmatisierung des Verbrennungsmotors als Betriebsstrategie
Gru2009	Onlineoptimierung in einem PKW (verbrennungsmot. -el. 2-Modi-Parallelhybrid)	Vergleich von heuristischer offline-, online- und kennfeldbasierter Betriebsstrategie
Wu2004	Leistungsmanagement eines verbrennungsmot.-hydrost. LVG-Hybrid-Lieferwagens	Erweiterung der Isoquantenabschnittsstrategie durch Regeln auf Basis der dyn. Programmierung
Lin2001	Leistungsmanagement eines verbrennungsmot.-el. LVG-Hybrid-Lastwagen	Erweiterung der Isoquantenabschnittsstrategie durch Regeln auf Basis der dyn. Programmierung
Joh2008	Durchsatzmaximierung eines Mähdreschers	Fahrgeschwindigkeitsadaption abh. von der Dieselmotorlast und Dreschtrommelbelastung
Pis2007	Optimierte Auslegung eines Ottomotors im verbrennungsmot.-el. Hybridantriebsstrang (Parallel, LVG)	Parametrische Modelle, Q_{fuel}-Reduktion im NEFZ, faktorisierte Strategiemerkmale, Optimalkonzept im Parameterraum der Komponenten
Pis2010	Verbrennungsmot.-el. Parallelhybrid (Stadtbus, Lieferwagen)	Zyklenspezifische Integration der Emissionswerte (NO_x, CO_2) und des Batteriewirkungsgrads
Rei2003	Traktormanagementsystem zur Getriebe und Dieselmotorharmonisierung	Vorgabe von 4 kennfeldbasierten Betriebsstrategien für Maximalleistung, hohe Zugkraft, Transport
Sch2007b	Dieseldrehzahloptimierung durch Traktormanagementsystem	Traktor mit stufenlosem FA, Adaption der Dieseldrehzahl gemäß Leistungsforderung der AH

Tabelle 5-1: Ansätze zur Optimierung der Betriebsführung

In Ergänzung zu bestehenden Ansätzen der **Tabelle 5.1** wird in der vorliegenden Arbeit die Basis geschaffen, um verschiedene Teilsysteme der Gesamtmaschine flexibel in die Optimierung integrieren zu können. Darüber hinaus werden die dynamischen Effekte bei der Verstellung einzelner Teilsysteme einbezogen, damit deren Auswirkungen bei der Findung einer optimalen Betriebsführung berücksichtigt werden können.

5.1 Grundlagen

Als Basis für die Darstellung des entwickelten Verfahrens werden in **Abschnitt 5.1** zunächst die im Weiteren verwendeten Begriffe Gesamtmaschinenmanagement, Betriebsstrategie und Betriebsführung definiert. Anschließend wird zur richtigen Einordnung der später mathematisch zu formulierenden Optimierungsaufgabe ein kurzer Überblick über verschiedene Problemklassen von Optimierungsaufgaben sowie deren Lösungsverfahren gegeben. Die **Abschnitte 5.2-5.5** beschreiben sukzessiv die Entwicklung des Optimierungsansatzes.

5.1.1 Definitionen

Verschiedene Hersteller mobiler Arbeitsmaschinen sowie ihre Teilsystem- und Komponentenlieferanten bieten auf dem Markt Systeme oder Ausstattungen an, die einen effizienten Betrieb der Maschinen im Fokus haben [Cla2010, Joh2008, Rei2003]. Daneben gibt es zahlreiche Forschungsprojekte, die sich mit der Optimierung der Betriebsführung in Fahrzeugen mit verschiedenartigen hybriden Antriebssystemen beschäftigen [Bac2005, Böt2005, For2007, Sch2007b]. Da es auf diesem Gebiet bisher keine einheitlichen Begriffsdefinitionen gibt, werden für die vorliegende Arbeit Definitionen mit allgemeingültigem Charakter eingeführt:

- **Gesamtmaschine (GM)**

  umfasst alle leistungsrelevanten Komponenten, Baugruppen und Teilsysteme einer mobilen Arbeitsmaschine, die für die Erfüllung der Primäraufgaben der Maschine erforderlich und für deren Funktionsweise maßgeblich sind. Die konstruktive Ausführung der GM ist für die Optimierung der Betriebsführung von untergeordneter Bedeutung.

- **Gesamtmaschinenmanagement (GMM)**

  bezeichnet im Folgenden die Summe aller Bausteine in Hardware oder Software, die zur geplanten Organisation der GM für die Erreichung einer vorgegebenen veränderlichen Zielstellung erforderlich ist. Idealerweise werden alle zielgrößenrelevanten Bilanzräume berücksichtigt und integriert.

- **Zielvorgabe**

  wird durch den Bediener (extern) oder durch fixe Einstellungen des Herstellers (intern) vorgegeben und steuert damit das Verhalten der mobilen Arbeitsmaschine.

- **Betriebsstrategie**

  bezeichnet die Methode zur Erreichung einer einstellbaren, jederzeit veränderbaren Zielvorgabe. Es werden der stationäre, der quasistationäre und der dynamische Ansatz unterschieden.

- **Betriebsführung**

  beschreibt die konkrete Ausprägung einer Steuertrajektorie, die sich aus der Optimierung des GMMs entsprechend der gewählten Betriebsstrategie ergibt.

Einen Überblick der Definitionen gibt **Bild 5-1**.

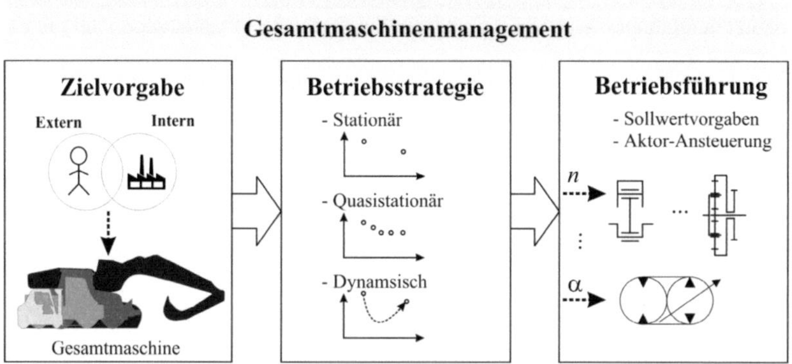

Bild 5-1: Struktur des Gesamtmaschinenmanagements

Da die Zielvorgabe einerseits durch den Maschinenbediener, andererseits durch die fixen Einstellungen des Herstellers beeinflusst wird, entstehen teilweise konkurrierende, indifferente oder im günstigsten Fall sogar komplementäre Forderungen. Das Lösen der sich daraus ergebenden Optimierungsaufgabe erfordert ein methodisches Vorgehen, eine Betriebsstrategie, und führt damit zur Entwicklung einer Betriebsführung. Als Beispiel seien die Forderungen nach maximaler Zugkraft oder konstanter Fahrgeschwindigkeit genannt.

Beim stationären Ansatz der Betriebsstrategie erfolgt die Lösung der ganzheitlichen Optimierungsaufgabe für die aktuell anliegende Betriebssituation der GM. Vorhergehende sowie nachfolgend zu erwartende Betriebspunkte bleiben unberücksichtigt.

Beim quasistationären Ansatz der Betriebsstrategie werden die als bekannt vorausgesetzten vergangenen und zukünftigen Betriebspunkte mit einbezogen. Es wird von der Annahme einer vollständigen Information unter Sicherheit ausgegangen.

Beim dynamischen Ansatz der Betriebsstrategie werden nicht nur aufeinanderfolgende Betriebspunkte betrachtet, sondern es werden auch ihre Übergänge ineinander, das transiente Verhalten und die dynamischen Effekte der Verstellung von Komponenten auf den Wirkungsgrad der Maschine berücksichtigt.

Beispiele hierfür sind: Bei Vorgabe eines Führungsgrößensprungs muss der Mehrverbrauch bedingt durch die erforderliche Beschleunigung der Massenträgheit des Dieselmotors mit einbezogen werden. Bei hydrostatischen Kreisläufen müssen die Verstellenergien von Pumpe und Motor oder der Energiebedarf für den hochdruckseitigen Druckaufbau eingerechnet werden.

Nach der Wahl der Betriebsstrategie müssen bei der Entwicklung eines Modells zur Berechnung der Betriebsführung „Komponentenverhalten" und „Optimierungshorizont" (siehe dazu **Bild 5-2**) im Hinblick auf Stationarität und Dynamik beachtet werden. Der Zusammenhang ist in **Tabelle 5-1** dargestellt.

Betriebsstrategie	Komponentenverhalten		Optimierungshorizont	
	stationär	dynamisch	statisch	dynamisch
Stationär	x		x	
Quasistationär	x			x
Dynamisch		x		x

Tabelle 5-1: Korrelation Betriebsstrategie und Modell zur Optimierung

95

5.1.2 Optimierung

Unter Optimierung wird der Versuch verstanden, unter gegebenen Randbedingungen für eine gegebene Zielsetzung ein bestmögliches Ergebnis zu erlangen. Beispielsweise kann das optimale Ergebnis darin bestehen, den Nutzen eines Prozesses zu maximieren oder einen Schaden (Ausschuss, Fehler, Ausfall, Zerstörung, Abfallprodukte) zu minimieren oder Verschwendung zu vermeiden [Neu1993].

Bezogen auf die Betriebsführung einer mobilen Arbeitsmaschine bedeutet das, den Gesamtwirkungsgrad zu maximieren oder den Kraftstoffverbrauch respektive die Leistungsverluste und damit die Betriebskosten zu minimieren.

Klassifikation von Optimierungsaufgaben

Optimierungsaufgaben können in Anlehnung an [Neu1993, Li2007] nach den Merkmalen Optimierungshorizont (Zeithorizont), Problemordnung, Zieldimension und Parameterprobabilität klassifiziert werden. Die Ausprägungen sind im nachfolgenden Polar-Diagramm (**Bild 5-2**) veranschaulicht.

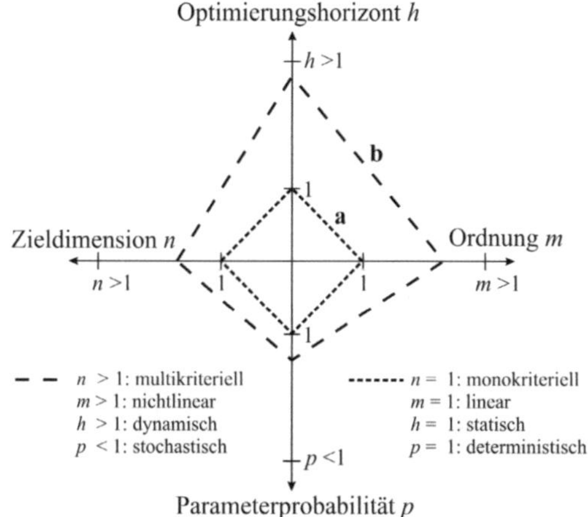

Bild 5-2: Klassifikation von Optimierungsaufgaben

Linie (**a**) steht für das Basisproblem des Operations Research (OR). Eine lineare deterministische Zielfunktion wird für einen einzelnen Betrachtungszeitpunkt optimiert. Linie (**b**) repräsentiert eine komplexe, multikriterielle, dynamische Optimierungsaufgabe mit nichtlinearer Zielfunktion und Nebenbedingungen sowie stochastischen Parametern. Die Dynamik berücksichtigt bei der Minimierung der Zielfunktion aufeinanderfolgende Stufen eines zeitlich ablaufenden Prozesses mit Rückkopplung, eine mehrstufige Entscheidungsfindung. Haben die dargestellten Merkmalsausprägungen den Wert 1, ist die Optimierungsaufgabe minimal. Je weiter die Werte von 1 abweichen, desto größer wird die eingeschlossene Fläche, folglich wird die Optimierungsaufgabe komplexer.

Für die verschiedenen Optimierungsaufgaben ist eine Reihe von Optimierungsverfahren zur Lösung verfügbar. Sie unterscheiden sich in ihrer Zeitkomplexität (Lösungsdauer) sowie Eignung (Zuverlässigkeit, Genauigkeit) für die einzelnen Problemklassen. **Bild 5-3** gibt einen Überblick über bekannte Optimierungsverfahren.

Die exakten Verfahren sind nur zur Lösung von Optimierungsaufgaben mit kleinen Suchräumen (Definitionsbereich der Zielfunktionsvariablen) geeignet, da sie im ungünstigsten Fall („worst-case") eine exponentielle Laufzeit ($O(d^n)$ mit $d > 1$) aufweisen.

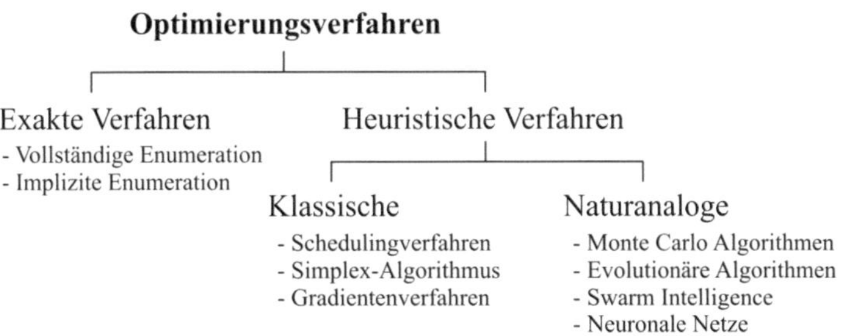

Bild 5-3: Optimierungsverfahren

Heuristische Verfahren eignen sich bei komplexen Problemstellungen zur Suche von guten, nahezu optimalen Lösungen in möglichst kurzer Zeit. Zum einen werden die klassischen Verfahren mit deterministischem Verhalten, zum anderen naturanaloge Verfahren mit stochastischem positivem Einfluss auf die Lösungsfindung eingesetzt, um eine Laufzeitreduktion zu erzielen. Dadurch wird die Auswahl des Startwerts erheblich vereinfacht und führt nicht zu einem Verfahrensabbruch in einem lokalen Minimum, bevor der globale Extremwert gefunden ist.

Informationen zur algorithmischen Umsetzung der Optimierungsverfahren und Anwendungsbeispiele finden sich in [Mic2004, Ind2008, Rio2008].

In den nachfolgenden **Abschnitten 5.2-5.4** werden die tabellarisch (Tabelle 5.1) dargestellten Betriebsstrategien vor dem Hintergrund der beschriebenen Grundlagen der Optimierung theoretisch erarbeitet und anhand ausgewählter Beispiele erläutert.

5.2 Stationärer Ansatz

Die entwickelte stationäre Betriebsstrategie verfolgt das Ziel, den Gesamtwirkungsgrad η_{tot} – das Produkt aller in die Optimierung einbezogenen Komponenten-, Baugruppen- oder Teilsystemwirkungsgrade – zu maximieren.

Für die Realisierung wird ein deterministischer statischer Optimierungsansatz gewählt. Zur mathematischen Definition der Optimierungsaufgabe müssen die Zielfunktion, der zulässige Bereich und ein Lösungsraum festgelegt werden. Das erfolgt zunächst allgemein. Im Anschluss werden verschiedene spezifische Teiloptimierungsaufgaben betrachtet und bis zum Ende des vorliegenden Abschnitts zum Gesamtansatz weiterentwickelt und gelöst.

Die Optimierungsaufgabe kann allgemein entsprechend (**5.1**) formuliert werden.

$$(SD) \begin{cases} Min. \; f(\overline{x}) \\ s.t. \quad g_i(\overline{x}) \leq 0 \quad i=1,...,m \\ \qquad g_j(\overline{x}) = 0 \quad j=1,...,n \\ \overline{x} \in X \end{cases} \tag{5.1}$$

Es wird ein $\overline{x}^*$ gesucht, das ein globales Minimum der Zielfunktion $f(\overline{x})$ ist. Die Lösung $\overline{x}^* = (x_1, x_2,...,x_d)^T$ muss die $(m+n)$ Nebenbedingungen erfüllen, also innerhalb des durch Ungleichungen und Gleichungen begrenzten zulässigen Bereichs X des Entscheidungsraums liegen.

Zur Übertragung der allgemeinen Formulierung auf das fluidmechatronische System der mobilen Arbeitsmaschine findet in einem „bottom-up"-Ansatz zunächst für einzelne Komponenten und daraus abgeleitet für ein komplexeres Gesamtsystem folgende Systematik Anwendung:

S1	**Deklaration der Zielfunktion**	$f(\overline{x},\overline{p})$
		$\overline{x} \in X, \overline{p} \in P$
S2	**Bestimmung von Parameter- und Entscheidungsraum (P, E)**	$d = \left\|E_1\right\| + \left\|E_2\right\|$
	- Definition der Systemparameter $\qquad\qquad\qquad\qquad P$	
	- Definition leistungsrelevanter Schnittstellengrößen (n, T, p, Q) $\quad E_I$	$E = (E_1 \cup E_2) \subseteq \Re^d$
	- Definition beeinflussbarer Systemgrößen $\qquad\qquad\qquad E_2$	
	(Verstellwinkel, Kupplungsstellung, Temperatur, Speicherzustände)	
S3	**Bestimmung des zulässigen Bereichs X**	$X \subseteq E$
	- Technologische Nebenbedingungen	
	(Konstruktion, Dimensionierung, Auslegung)	
	- Funktionale Nebenbedingungen (Zwangskopplung)	
	- Externe Nebenbedingungen	
	(Nachbarkomponenten, Bedienervorgabe, Reglervorgabe)	
	- Initialisierung der Zielfunktion	
S4	**Resultierende Freiheitsgrade (DOF) für die Optimierung**	$\left\|DOF\right\| \subseteq \left\|X\right\|$

Tabelle 5-2: Systematik zur Formulierung der Optimierungsaufgabe

- Schritt **S1** deklariert die Zielfunktion $f(\overline{x},\overline{p})$ in Abhängigkeit ihrer Optimierungsvariablen $\overline{x}$ und Parameter $\overline{p}$.

- Schritt **S2** dient erstens der Abgrenzung des Parameterraums P und des Entscheidungsraums E. Die als Parameter vorgegebenen Größen $\overline{p}$ sind frei wählbar, nach einmaliger Auswahl aber fix. Sie gehen deshalb als feste Werte in die Optimierung ein. Schritt **S2** dient zweitens der Festlegung des Entscheidungsraums E für die Variablen, die potenziell als Optimierungsvariablen in Frage kommen.

- Schritt **S3** beschränkt den Entscheidungsraum auf den zulässigen Bereich X, der die gleiche Dimension (Anzahl der Variablen) d bei geringerer Mächtigkeit hat. Damit stehen die Optimierungsvariablen $\overline{x}$, deren Werte so zu wählen sind, dass das Ergebnis der Zielfunktion $f(\overline{x},\overline{p})$ minimal wird, fest.

- Schritt **S4** liefert als Ergebnis die verwendbaren Freiheitsgrade in den zulässigen Bereichen.

5.2.1 Einstufige Optimierung der Betriebsführung: Mechanik

Zahnradgetriebe, einstufig, nicht schaltbar

Durch ein einstufiges nicht schaltbares Zahnradgetriebe (Getriebestufe), für die weitere Betrachtung in der Ausführung einer Stirnradstufe angenommen, werden die Drehzahl n und das Drehmoment T entsprechend der Übersetzung i_{GS} gewandelt. Die Optimierung erfolgt gemäß der vorgestellten Systematik (Tabelle 5.2).

- **S1**: Das Ziel bei der Optimierung der Betriebsführung der Stirnradstufe ist die Maximierung des betriebspunktspezifischen Wirkungsgrads $\eta_{GS}(\bar{x}, \bar{p})$, was der Minimierung des dualen Problems $f(\bar{x}, \bar{p}) = 1 - \eta_{GS}(\bar{x}, \bar{p})$ und damit der Verluste entspricht.

- **S2**: Der Wirkungsgrad der Stirnradstufe hängt von einer Reihe auslegungs- sowie konstruktionsspezifischer Parameter ab, die den Parameterraum P aufspannen. Eine Übersicht über die Parameter geben [Rei1990, Koh2008]. Die leistungsrelevanten Schnittstellengrößen (E_1) des Entscheidungsraums E sind die Drehzahl n und das übertragene Drehmoment T. Andere Zustandsgrößen wie die Ölviskosität, die Öltemperatur und der Ölstand im Gehäuse können ebenfalls in den Entscheidungsraum integriert werden (E_2). Das ist erforderlich, wenn sie während des Betriebs zur Wirkungsgraderhöhung in der Stirnradstufe beeinflusst werden sollen. Für die weitere Betrachtung wird der minimale Entscheidungsraum $E = E_1 \subseteq \Re^2$ festgelegt.

- **S3**: Die ausgeführten Geometrien, verbauten Lager und verwendeten Werk- sowie Schmierstoffe der Stirnradstufe setzen dem maximal über die Zahnradpaarung übertragbaren Drehmoment sowie der maximalen Betriebsdrehzahl technische Grenzen. Sie werden unter Einhaltung eines Sicherheitsfaktors von den Herstellern als der zulässige Betriebsbereich der Stirnradstufe angegeben. Diese technologischen Nebenbedingungen gehen in die Optimierung als Grenzen des zulässigen Bereichs X ein.

Bei isolierter Betrachtung einer Getriebestufe ist die Berücksichtigung funktionaler und externer Nebenbedingungen, die sich durch Zwangskopplung zu benachbarten Komponenten sowie übergeordnete Regel-/Steuermechanismen ergeben, nicht erforderlich. Die initialisierte Zielfunktion lautet (**5.2**).

$$f(\bar{x}, \bar{p}) = 1 - \eta_{GS}(n, T, \bar{p}) \tag{5.2}$$

- **S4**: Im Fall einer Forderung nach einer vorgegebenen Abtriebsleistung P_{out} ist $DOF = 1$. P_{out} berechnet sich aus dem Produkt der inversen Getriebeübersetzung i_{GS}^{-1} multipliziert mit der Eingangsdrehzahl n_{in} und dem Ausgangsdrehmoment T_{out} nach $P_{out} = 2\pi \cdot n_{in} \cdot i_{GS}^{-1} \cdot T_{out}$. Im üblichen Fall einer Drehzahlforderung am Abtrieb beträgt die Zahl der Freiheitsgrade Null ($DOF = 0$), eine Optimierung ist nicht möglich.

Bild 5-4 veranschaulicht den Wirkungsgradverlauf einer Stirnradstufe exemplarisch an einer Zahnradpaarung im Gruppengetriebe des Valmet 8050E. Er ist nach den Gleichungen in [Koh2008] berechnet und auf eine maximale Ausgangsleistung von 80 kW beschränkt, woraus sich die hyperbelförmige Bereichsbegrenzung ergibt. Im Schnittpunkt **OP₁** der zwei eingezeichneten Ebenen ($n_{out} = 1.000\,\text{min}^{-1}$, $T_{out} = 500\,\text{Nm}$) mit der interpolierten Wirkungsgradoberfläche liegt eine Abtriebsleistung von 52,36 kW an.

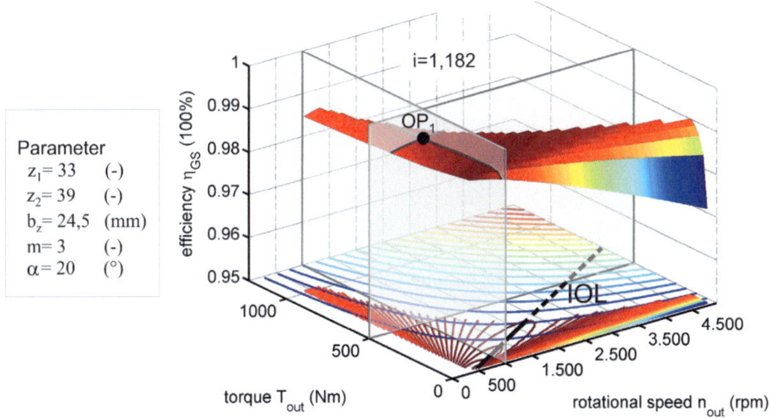

Bild 5-4: Wirkungsgrad einer Getriebestufe des Schaltgetriebes im Valmet 8050E

<u>Lösung der Optimierungsaufgabe für *DOF*=1</u>

Für das Lösen der Optimierungsaufgabe muss der Zielfunktionswert $1 - \eta_{GS}(n, T, \bar{p})$ für verschiedene Kombinationen von Zielfunktionsvariablen (n, T) berechnet und schrittweise minimiert werden. Der erforderliche Rechenaufwand zur Lösung der Optimierungsaufgabe hängt deshalb erstens von der Komplexität zur Bestimmung eines Zielfunktionswerts und zweitens von der Anzahl erforderlicher Iterationen (Verfahrensverlauf) zur Approximation des Extremwerts ab. Prinzipiell werden drei Möglichkeiten zur Berechnung eines Funktionswerts unterschieden:

- Im ersten Fall liegen (gemessene oder simulierte) Wirkungsgradkennfelder vor. Aus diesen werden die Funktionswerte durch lineare Interpolation berechnet.

- Im zweiten Fall liegt eine vereinfachte funktionale Beschreibung des Wirkungsgrads, meist ein Polynom, vor. Der Zielfunktionswert berechnet sich durch Einsetzen der aktuellen Werte der Funktionsvariablen in das Polynom.

- Im dritten Fall liegt eine physikalisch-analytische Beschreibung des Wirkungsgrads vor. Der damit berechnete Zielfunktionswert hat die höchste Genauigkeit. Seine Berechnung erfordert den höchsten Aufwand der drei Alternativen.

Zur Lösung der Optimierungsaufgabe stehen die in **Abschnitt 5.1.2** dargestellten Verfahren zur Verfügung. Bei der Suche der wirkungsgradoptimalen Drehzahl-Drehmoment-Kombination für die geforderte Abtriebsleistung werden mit einer der drei Berechnungsmethoden nacheinander die Wirkungsgrade verschiedener Punkte der zugehörigen Leistungshyperbel berechnet und die Optimallösung in Abhängigkeit des Verfahrens approximiert.

Um die erforderliche Rechenzeit zur Findung der Optimallösung zu verringern, können für alle, durch die OPs im zulässigen Bereich möglichen Abtriebsleistungen ex ante die Zielfunktionswerte berechnet und die Optima in einer Tabelle (Kennfeld) zusammengefasst werden. Die Kennfeldpunkte sind die Stützstellen der eingezeichneten Idealbetriebslinie (**IOL**). Auf ihr liegen die Optimallösungen für alle möglichen Abtriebsleistungen, sodass sich die Optimierungsaufgabe zu einer linearen Interpolation vereinfacht, da direkt mit P_{out} bereits $\bar{x}^* \in IOL$ feststeht.

Die Optimierung der Betriebsführung für mehrstufige nichtschaltbare Zahnradgetriebe erfolgt analog. Die Zielfunktion verändert sich zu $f(\bar{x}, \bar{p}) = 1 - \sum_{i=1}^{g} \eta_{GS,i}(\bar{x}, \bar{p})$. Die Anzahl der Freiheitsgrade beträgt wegen der festen mechanischen Kopplung der kombinierten Zahnradstufen ebenfalls 1 oder 0.

Zahnradgetriebe, mehrstufig, schaltbar

In mobilen Arbeitsmaschinen können, je nach gewähltem Antriebskonzept, mehrstufige mechanische schaltbare Getriebe (Schaltgetriebe) verbaut werden. Im Fahrantrieb dienen sie der Getriebespreizung, sodass einerseits ein hohes Drehmoment bei niedriger Abtriebsdrehzahl und andererseits eine hohe Abtriebsdrehzahl bei geringem Drehmoment zum Endabtrieb übertragen werden kann. Die Auslegung erfolgt in der Regel so, dass sich die Drehzahlbereiche der Zwischengänge überdecken und sich eine gute

Annäherung an die Maximalleistungshyperbel des zulässigen Betriebsbereichs des Schaltgetriebes ergibt. Dafür werden für jeden Gang mindestens ein Zahnradsatz benötigt, der manuell oder teilautomatisiert geschaltet wird. Bei der nachfolgenden Optimierung eines mehrstufigen schaltbaren Zahnradgetriebes werden die Kupplungen und Lager nicht modelliert.

- **S1**: Das Ziel bei der Optimierung der Betriebsführung eines Schaltgetriebes ist es, für eine geforderte Abtriebsleistung einen Gang so auszuwählen, dass der Wirkungsgrad für ihre Erbringung maximal wird. Die Zielfunktion des kombinatorischen Problems lautet:

$$f(\overline{x}, \overline{p}) = 1 - \sum_{i=1}^{gs} \delta_{GS,i} \cdot \eta_{GS,i}(\overline{x}, \overline{p}) \ \text{ mit } \sum_{i=1}^{gs} \delta_{GS,i} = 1, \delta_{GS,i} \in \{0,1\} \tag{5.3}$$

- **S2**: Der Parameterraum des Schaltgetriebes wird, analog der Darstellung für das Stirnradgetriebe, von einer Reihe konstruktiver, bei der Optimierung unveränderbarer Größen aufgespannt. Der Entscheidungsraum E hat die Dimension drei: eine für die Drehzahl, eine für das Drehmoment und eine für den gewählten Gang.

- **S3**: Durch die Beschränkung des Entscheidungsraums entsteht der zulässige Bereich X der Optimierungsaufgabe ($X \subseteq E \subseteq \mathfrak{R}^3$). Die technologischen Grenzen der einzelnen Gänge sind voneinander verschieden, sodass in Abhängigkeit der Gangwahl für eine zulässige Lösung nur eine Teilmenge des gesamten, abschnittsweise dimensionierten zulässigen Bereichs des Schaltgetriebes definiert ist.

- **S4**: Die Anzahl der Freiheitsgrade beträgt bei der Forderung einer festen Abtriebsleistung P_{out} zwei (δ und T (oder n)).

<u>Lösung der Optimierungsaufgabe für *DOF*=2</u>

Die Lösung der Optimierungsaufgabe erfolgt, wie oben beschrieben, direkt mit einem Lösungsverfahren oder durch das Auslesen (Interpolation) der Optimalwerte der ex ante statisch berechneten IOL.

Exemplarisch zeigt **Bild 5-5** die Ergebnisse der Berechnung für die optimale Gangwahl im 4-Gang-Schaltgetriebe (**GS**) des Valmet Valtra 8050E. Zur isolierten Berechnung und Darstellung der IOL in Form eines 3D-Fahrdiagramms (syn. Zugkraftdiagramm) werden die Wirkungsgrade des vorangestellten Lastschaltgetriebes (**DPS**) sowie des nachgeschalteten Gruppengetriebes (**GRP**) und des Endabtriebs (**End**) vernachlässigt. Der Aufbau des Antriebsstrangs sowie die Parameter der untersuchten Getriebekonfiguration gehen aus der Darstellung in **Bild 5-5** hervor.

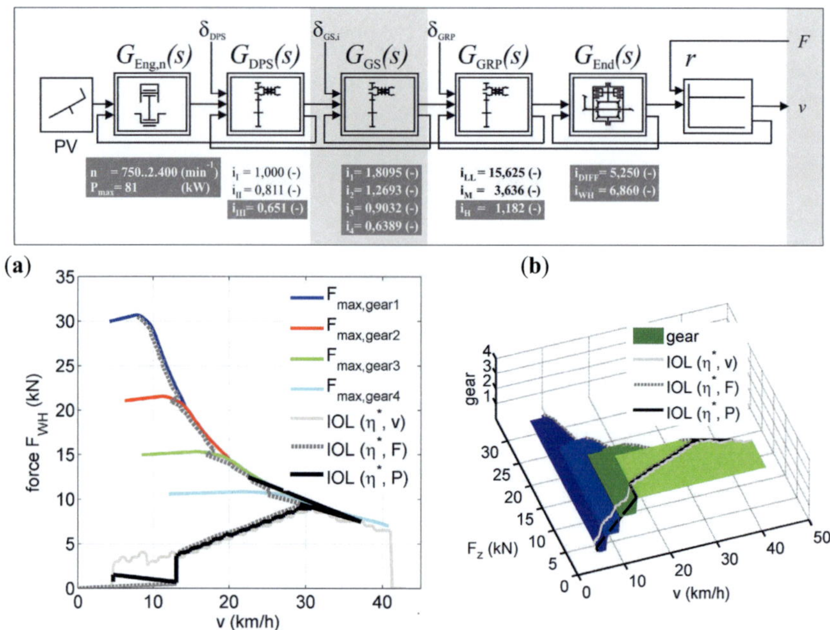

Bild 5-5: (a) IOL des Schaltgetriebes im Traktor Valtra 8050E
(b) Wirkungsgradoptimale Gangwahl

Die Geschwindigkeitsbereiche der einzelnen Gänge des Schaltgetriebes ergeben sich bei konstanten minimal gewählten Übersetzungen des Lastschalt- und des Gruppengetriebes (grau hinterlegt in Bild 5.5) für die Dieselmotordrehzahlen zwischen $n_{Eng,min} = 1000$ min^{-1} und $n_{Eng,max} = 2.200$ min^{-1} nach der Gleichung (5.4).

$$v = \frac{n_{Eng} \cdot 2 \cdot \pi \cdot r}{60 \cdot i_{G,x}} \tag{5.4}$$

Die dynamische Reifenverformung und der Schlupf werden nicht berücksichtigt. In **Bild 5-5 (a)** sind drei IOLs im Fahrzustandsdiagramm dargestellt: IOL (η_v^*) zeigt den wirkungsgradoptimalen Zugkraftverlauf, falls der gesamte Geschwindigkeitsbereich mit der Möglichkeit einer freien Gangwahl durchfahren werden soll. Die IOL (η_F^*)

gibt die verlustminimale Fahrgeschwindigkeit an, falls der komplette Zugkraftbereich (bei äußerer konstant angenommener Schaltkonfiguration) durchfahren werden soll.

Bild 5-5 (b) illustriert die für die verschiedenen Zielsetzungen optimale Gangwahl. Es wird deutlich, dass es mit steigender Fahrgeschwindigkeit und zunehmender Fahrleistung aufgrund des Getriebewirkungsgrads wirtschaftlich ist, frühzeitig in höhere Gänge zu schalten. Dieses Verhalten deckt sich mit dem des Dieselmotors, der tendenziell bei niedrigen Drehzahlen niedrige spezifische Verbräuche aufweist (komplementäres Verhalten). Im späteren dynamischen Gesamtoptimierungsansatz muss aber berücksichtigt werden, dass der bei schweren Zugarbeiten oder sporadischen Lastspitzen des Arbeitsgeräts erforderliche Drehmomentanstieg des Dieselmotors nur im oberen Drehzahlbereich des Motors verfügbar ist. Der Betrieb im wirtschaftlicheren unteren Drehzahlbereich eines Gangs birgt demnach bei geringer Drehmomentreserve und negativem Drehmomentanstieg die Gefahr des Absterbens des Motors.

Zahnradgetriebe, mehrstufig, schaltbar, serielle Anordnung

Bei seriell angeordneten Schaltgetrieben ergibt sich die Gesamtübersetzung aus dem Produkt der Einzelübersetzungen. Die Anzahl der insgesamt möglichen Übersetzungsverhältnisse ist das Produkt aus der Anzahl der Gänge eines jeden Schaltgetriebes und der Anzahl der Gänge aller anderen Getriebe.

- **S1**: Das Ziel bei der Optimierung der Betriebsführung seriell gekoppelter Schaltgetriebe ist es, eine Schaltkombination der Gänge aller Getriebe zu bestimmen, die die Gesamtverluste minimiert. Die Zielfunktion (**5.5**) des Problems lautet:

$$f(\overline{x},\overline{p}) = 1 - \prod_{i=1}^{k} \sum_{j=1}^{gs,i} \delta_{i,j} \cdot \eta_{GS,i,j}(\overline{x},\overline{p}) \qquad \text{mit} \qquad (5.5)$$

$$\sum_{i=1}^{k} \sum_{j=1}^{gs,i} \delta_{i,j} = k, \quad \delta_{i,j} \in \{0,1\}, \quad \sum_{j=1}^{gs,i=const} \delta_{i,j} = 1 \; \forall i \in \{1,...,k\}$$

- **S2**: Die Definition des Parameterraums erfolgt wie oben beschrieben. Die maximale Dimension des Entscheidungsraums beträgt $k \cdot |\overline{x}|$. Für zwei seriell angeordnete Schaltgetriebe ergibt sich der Entscheidungsraum: $|\{n_1,T_1,n_2,T_2,\delta_1,\delta_2\}| = 6$ zu $E = \Re^6$.

- **S3**: Die technologischen Nebenbedingungen werden bei der Optimierung durch Restriktionen berücksichtigt. In einer leistungsübertragenden Komponentenkette, bestehend aus zwei seriell angeordneten Schaltgetrieben mit angekoppeltem Dieselmotor, begrenzt die Volllastkennlinie und der zulässige Drehzahlbereich die maximale Antriebsleistung des Systems. Die mechanische Kopplung der beiden Schaltgetriebe über eine Welle schränkt den zulässigen Lösungsbereich weiter ein. So können die Ausgangsdrehzahlen der Schaltgetriebe nicht unabhängig voneinander, sondern nur entsprechend der durch die Schaltstellungen vorgegebenen Übersetzungen gemeinsam festgelegt werden. Analog verhalten sich die Drehmomente, sodass sich die Anzahl der Freiheitsgrade um zwei reduziert ($n_{2.out} = f(n_{1,out}, \delta_2), T_{2.out} = f(T_{1,out}, \delta_2)$). Da die serielle Anordnung mehrerer Schaltgetriebe der Ergänzung weiterer Übersetzungsverhältnisse in einem einfachen Schaltgetriebe entspricht, wird die Anzahl der DOF trotz der Erhöhung der Anzahl an Betätigungseinrichtungen nicht größer, ebenso wie sich in einem einfachen Schaltgetriebe die Zahl der DOF nicht durch Erhöhung der Anzahl an Zahnradpaarungen vergrößert. Folglich entsteht durch die genannten Beschränkungen des Entscheidungsraums der zulässige Bereich X der Optimierungsaufgabe ($X \subseteq E \subseteq \Re^2$).

- **S4**: Die Anzahl der Freiheitsgrade beträgt bei der Forderung einer festen Abtriebsleistung P_{out} deshalb ebenfalls zwei ((δ_2, δ_2) und T (oder n)).

5.2.2 Einstufige Optimierung der Betriebsführung: Hydraulik

Für die Einbeziehung der hydrostatischen Einheiten in die Optimierung werden die Wirkungsgrade von Hydropumpen und -motoren betrachtet. Sie werden im entwickelten Ansatz bei der Findung einer optimalen Betriebsführung berücksichtigt. Die in der Peripherie (Leitungen, Verzweigungen) und den Steuerelementen (Ventilen) entstehenden Verluste werden bei der vorgestellten Optimierung nicht betrachtet, können aber als Erweiterung (verbunden mit einem erhöhten Rechenaufwand) integriert werden.

Hydropumpe, verstellbar

- **S1**: Das Ziel bei der Optimierung der Betriebsführung von verstellbaren Hydropumpen ist es, den Schwenkwinkel so zu bestimmen, dass der geforderte Volumenstrom bei gegebenem Systemdruck erbracht wird. Theoretisch kann auch eine freie Wahl des Volumenstroms erfolgen, falls andere Komponenten des Systems die dadurch im hydrostatischen Kreis reduzierte Leistung liefern können (Leistungsverzweigung).

- **S2**: Der Parameterraum beinhaltet bei der Verstellpumpe (und ihrer Peripherie) Größen wie die Öltemperatur, die Viskosität und weitere Größen, die durch die konstruktive Ausführung bestimmt sind (Fördervolumen, Spaltmaß). Der Entscheidungsraum hat demzufolge maximal die Dimension drei: eine für den Verstellwinkel und die beiden anderen für die leistungsbestimmenden Größen Druck und Volumenstrom.

- **S3**: Der zulässige Bereich X wird durch herstellerseitig vorgegebene Größen wie die Maximaldrehzahl und den maximalen Hochdruck, dem die Einheit standhält, beschränkt.

- **S4**: Die Anzahl der Freiheitsgarde DOF beträgt bei der Optimierung maximal drei, bei Druckkopplung mit einem Verstellmotor im geschlossenen Kreis zwei.

Der Gesamtwirkungsgrad einer Verstellpumpe η_P kann in Abhängigkeit der anliegenden Druckdifferenz Δp, des verstellwinkelabhängigen Fördervolumens $V_P(\alpha)$ und der Antriebsdrehzahl n_P nach (**5.6**) bestimmt werden.

$$\eta_P = \eta_{P,vol} \cdot \eta_{P,hm} = \underbrace{\left(1 - \frac{Q_{P,L}}{n_P \cdot V_P(\alpha)}\right)}_{\eta_{P,vol}} \cdot \underbrace{\frac{1}{1 + T_{P,L} \cdot \underbrace{\frac{2\pi}{\Delta p \cdot V_P(\alpha)}}_{T_{P,th}}}}_{\eta_{P,hm}} \tag{5.6}$$

Die durch interne sowie externe Leckage bedingten volumetrischen Verluste $Q_{P,L}$ steigen entlang zunehmender Druckdifferenzen ebenso wie mit erhöhter Drehzahl. Es ergibt sich ein volumetrischer Wirkungsgradverlauf $\eta_{P,vol}$, der bei $(n_P, \alpha) = const.$ mit steigendem Druck abnimmt und bei $(\Delta p_P, \alpha) = const.$ mit steigender Drehzahl zunimmt.

Die Wirkungsgradberechnung für Konstantpumpen erfolgt analog, wobei das Verdrängungsvolumen nicht als Funktion des Verstellwinkels α, sondern als Konstante eingeht. Konstantpumpen kommen im Fahrantrieb überwiegend in Außenzahnradbauweise, als Füllpumpen oder Hilfspumpen für die Druckerzeugung der Getriebeverstellung zum Einsatz. Exemplarisch zeigt **Bild 5-6 (b)** den Wirkungsgradverlauf einer Außenzahnradpumpe mit 25 cm^3 Fördervolumen.

<u>Lösung der Optimierungsaufgabe</u>

Bild 5-6 (a) illustriert den Wirkungsgradverlauf einer Axialkolbeneinheit in Schrägachsenbauweise entlang der Drehzahl, des Drucks und des Verstellwinkels.

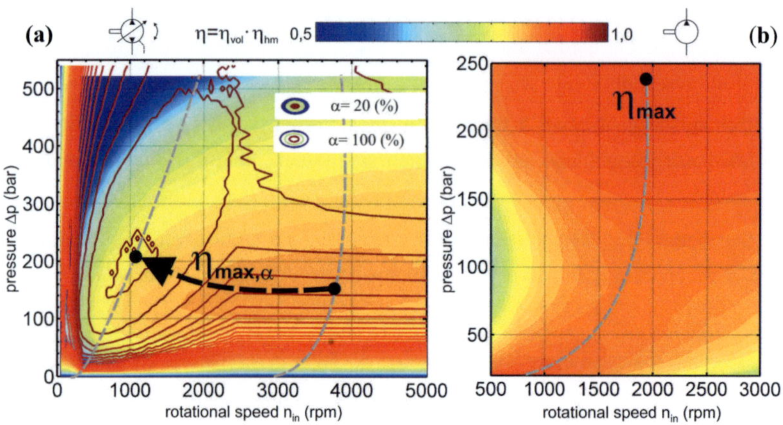

Bild 5-6: **a)** η-Verlauf einer Verstellpumpe in Schrägachsenbauweise
b) η-Verlauf einer Außenzahnradpumpe

Die grau gestrichelten Linien zeigen den Pfad des optimalen Wirkungsgrads. Bei Verstellpumpen gibt es für jeden Verstellwinkel einen. Die schwarz gestrichelte Linie in Bild 5-6 (a) zeigt die berechnete IOL der Verstellpumpe.

Hydromotor, verstellbar

- **S1**: Das Ziel bei der Optimierung der Betriebsführung von verstellbaren Hydromotoren ist es, den Wirkungsgrad zu maximieren. Er hängt von dem abtriebsseitig geforderten Drehmoment, der Drehzahl und dem Verstellwinkel ab.

- **S2-4**: Der Parameterraum, der Entscheidungsraum und der zulässige Bereich werden von denselben Größen aufgespannt wie bei der Verstellpumpe.

Der Wirkungsgrad eines verstellbaren Hydromotors, der im hydrostatischen Getriebe als Sekundäreinheit verbaut wird, kann nach **(5.7)** berechnet werden.

$$\eta_M = \eta_{M,vol} \cdot \eta_{M,hm} = \underbrace{\frac{1}{1 + \underbrace{\dfrac{Q_{M,L}}{(n_M \cdot V_M(\alpha))}}_{Q_{M,th}}}}_{\eta_{M,vol}} \cdot \underbrace{(1 - \frac{T_{M,L}}{\underbrace{\left(\dfrac{\Delta p \cdot V_M(\alpha)}{2\pi}\right)}_{T_{M,th}}})}_{\eta_{M,hm}} \qquad (5.7)$$

Der qualitative Verlauf des volumetrischen sowie hydraulisch-mechanischen Wirkungsgrads entspricht dem bei Hydropumpen.

Konstantmotoren finden sich bei reiner Primärverstellung meist in Axialkolbenbauweise im hydrostatischen Kreis des Fahrantriebs mobiler Arbeitsmaschinen.

Zusammenfassung und Bewertung

Die durchgeführten Untersuchungen zeigen, dass mittels stationären Ansatzes eine punktuell ausgerichtete Optimierung realisiert werden kann. Dadurch wird für einzelne Betriebspunkte der Gesamtwirkungsgrad maximiert. Dieser Ansatz berücksichtigt hingegen nicht die systembedingten Restriktionen innerhalb der mobilen Arbeitsmaschine, die sich für die Optimierung aufeinanderfolgender Betriebspunkte in einem Fahrszenario ergeben. Die theoretisch ermittelten Optimallösungen für isoliert untersuchte Betriebspunkte werden deshalb in einem mehrstufigen Ansatz auf ihre zyklenbezogene Optimalität und zeitlich aufeinanderfolgende Realisierbarkeit untersucht. Das Ziel der Erweiterung des stationären Ansatzes, über den quasistationären, bis hin zum dynamischen, ist es, physikalisch nicht realisierbare „Sprünge" der berechneten Optimal-Betriebspunkte unter Berücksichtigung der Verstellcharakteristik der Komponenten zu unterbinden.

5.3 Quasistationärer Ansatz

Der quasistationäre Ansatz basiert auf dem vorgestellten stationären Ansatz. Er beinhaltet nicht nur die optimale Entscheidung für einen isoliert betrachteten Betriebspunkt der Maschine, sondern dient der Berechnung einer Optimaltrajektorie des Steuervektors für die einbezogenen Komponenten in Abhängigkeit eines bekannten Lastprofils. Die Optimierungsaufgabe lässt sich als mehrstufiges Entscheidungsproblem auffassen.

5.3.1 Mehrstufige Optimierung: Funktionalgleichungsmethode

Das Standardverfahren zur Lösung eines mehrstufigen Optimierungsproblems ist die Funktionalgleichungsmethode. Sie basiert auf dem Optimalitätsprinzip nach BELLMAN. Es besagt, dass bei einem gegebenen Anfangszustand S_1 eines Systems jede Teilsteuerfolge $C^j = (\bar{c}_j,...,\bar{c}_{n-1},\bar{c}_n) \subseteq C^*$ einer optimalen Steuerfolge $C^* = (\bar{c}_1^*,...,\bar{c}_{n-1}^*,\bar{c}_n^*)$ zum Erreichen eines gegebenen Endzustandes S_n ebenfalls optimal ist. Dieses Prinzip liegt der Funktionalgleichung (**5.8**) zugrunde. Sie stellt die Beziehung zwischen zwei zeitlich aufeinanderfolgenden Wertefunktionen v_j^* und v_{j+1}^* her [Neu1993].

$$v_j^*(\bar{s}_j) = \min_{\bar{c}_j \in C_j}\{g_j(\bar{s}_j,\bar{c}_j) + v_{j+1}^*(\underbrace{f_j(\bar{s}_j,\bar{c}_j)}_{\bar{s}_{j+1}})\} \quad \bar{s}_j \in S_{mj}, 1 \leq j \leq n \tag{5.8}$$

In der BELLMAN-Funktionalgleichungsmethode (Rekursionsformel) wird durch schrittweise Auswertung der Funktionalgleichung, beginnend mit der n-ten Periode bis zur Startperiode 1, die optimale Steuerfolge $C^* = (\bar{c}_1^*,...,\bar{c}_{n-1}^*,\bar{c}_n^*)$ und die Trajektorie der optimalen Systemzustände $S^* = (\bar{s}_1^*,...,\bar{s}_n^*)$ bestimmt.

Zur Lösung der dynamischen Optimierungsaufgabe wird die in [Neu1996] vorgestellte Verfahrensvariante Version II verwendet, da der geringe Speicherbedarf bei numerischer Lösung die Performance erhöht. Die Berechnung erfolgt in zwei Schritten, einer Rückwärts- und einer darauf aufbauenden Vorwärtsrechnung. Im Rückwärtsschritt werden für alle Zeitperioden von n bis 1 gemäß der darin erreichbaren möglichen Systemzustände $\bar{s}_j$ die Optimalwerte $v_j^*(\bar{s}_j)$ der Wertefunktion berechnet. Im Vorwärtsschritt werden dann für die Stufen 1 bis n des im Zustand $\bar{s}_j^*$ befindlichen Systems die optimalen Steuervektoren $\bar{c}_j^*$ bestimmt. Daraus ergibt sich sukzessive der im darauffolgenden Zeitschritt neue optimale Systemzustand zu $\bar{s}_{j+1}^* = f_j(\bar{s}_j^*,\bar{c}_j^*)$.

5.3.2 Transfer in den Maschinenkontext

Der quasistationäre GMM-Ansatz nutzt das beschriebene Optimalitätsprinzip zur Bestimmung einer optimalen Betriebsführung für eine mobile Arbeitsmaschine. Für die Anwendung wird die oben allgemein beschriebene Funktionalgleichungsmethode in den Kontext der Maschinensteuerung und -regelung überführt. Die dynamische Optimierungsaufgabe lässt sich wie folgt definieren:

Bestimme für eine im Zustand S_1 befindliche Maschine bei bekanntem Belastungsprofil eine optimale Steuertrajektorie der einzelnen Komponenten so, dass zum Erreichen des vorgegebenen Endzustands S_n der Maschine der über die Zeit betrachtete Gesamtwirkungsgrad maximal wird.

Die in der jeweiligen Zeitperiode $1 \leq j \leq n$ möglichen Maschinenzustände $\bar{s}_{1j},...,\bar{s}_{mj} \in S$ repräsentieren verschiedene Maschinenkonfigurationen. Diese lassen sich jeweils durch ein k-Tupel $(s_{j1}, s_{j2}, ... s_{jk})$ der aktuellen Status der optimierungsrelevanten Komponenten $K_1,..., K_k$ beschreiben.

Die in einer Periode aktuell eingestellte Maschinenkonfiguration wird mit S_j bezeichnet, der Optimalzustand mit S_j^*.

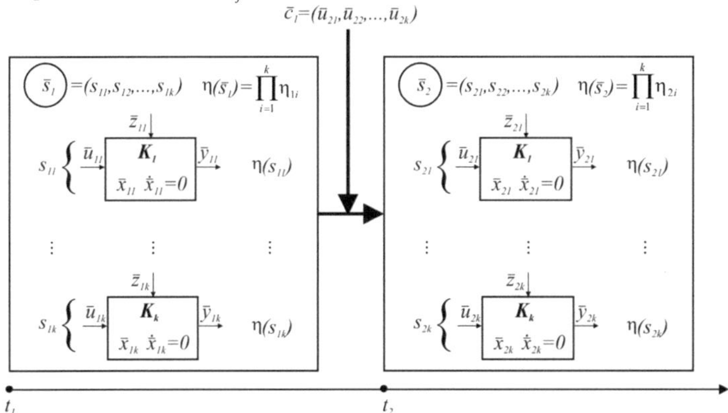

Bild 5-7: Maschinenzustand (Konfiguration) und Komponentenstatus

Jedem Komponentenstatus s_{ji} der Maschinenkonfigurationen $\bar{s}_j$ wird ein betriebspunktspezifischer Wirkungsgrad $\eta_{ji}(\bar{u}_{ji}, \bar{x}_{ji}, \bar{z}_{ji})$ zugeordnet. Er ergibt sich aus der anliegenden Last, den daraus abgeleiteten internen Komponentenzuständen $\bar{x}_{ji}$, den Eingangsgrößen $\bar{u}_{ij}$, den Störgrößen $\bar{z}_{ij}$ und den induzierten Interferenzen mit den Nachbarkomponenten. Zwei aufeinanderfolgende Zustände der Maschine können stets nur so gewählt werden, dass die Leistungsanforderungen des Bedieners, des Arbeitsprozesses und der gewünschten Bewegungstrajektorie weiterhin erfüllt werden.

Die Steuervektoren $\bar{c}_j$ beinhalten die zur Verstellung der Komponenten K_i erforderlichen Eingangsgrößenvektoren $\bar{u}_{ij}$. Mit der Ansteuerung der Komponenten wird die Maschinenkonfiguration verändert und die Maschine vom Zustand $\bar{s}_j$ in den Folgezustand $\bar{s}_{j+1}$ überführt. Die Lösung erfolgt mit dem Dijkstra-Algorithmus.

Dijkstra-Algorithmus zur Lösung des shortest-path-problem (SSSP)

Für die Suche der optimalen Steuerungstrajektorie wird die beschriebene Optimierungsaufgabe als Kürzeste-Pfade-Problem interpretiert. Der kürzeste Pfad beschreibt in der Graphentheorie den Pfad zwischen einem vorgegebenen Start- und einem vorgegebenen Endknoten eines Netzwerks, der die minimale Länge aufweist. Die Länge des Pfades ergibt sich aus der Summe der Kantenbewertungen (Gewichte), die im Fall der Wirkungsgradoptimierung die Leistungsverluste repräsentieren. Eine ähnliche Vorgehensweise hat sich bereits bei der Bestimmung der Zuschaltintervalle für einen Elektromotor/-generator (mit Batterie) in einem HEV bzw. für einen reversierbaren Hydrostaten (mit Hydrospeicher) in einem HHV bewährt [Bac2005. Lin2001, Wu2004].

Die Netzwerkstruktur wird durch einen azyklischen gewichteten Graphen (**Bild 5.11**) beschrieben. Dieser ist bei der Aufgabe zur Optimierung der Maschinenbetriebsführung implizit durch die möglichen Maschinenkonfigurationen in den jeweiligen Betrachtungsperioden entlang des Belastungsprofils vorgegeben.

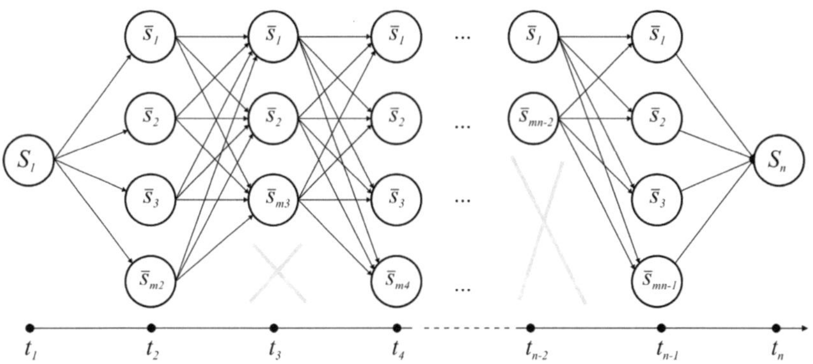

Bild 5-8: Netzwerk der Systemkomponenten für das SSSP

Die theoretisch sehr hohe Anzahl an Maschinenkonfigurationen, die sich aus der Multiplikation der einzelnen Komponentenstatus ergibt, bilden die Knoten des Graphen einer Schicht. Die Reduktion der Freiheitsgrade durch technologische, funktionale und externe Nebenbedingungen beschränkt (bei sinnvoller Diskretisierung der Komponentenstatus) die Knotenzahl auf eine endliche Menge. Alle Pfade durch das Netzwerk besitzen eine identische Länge, unterscheiden sich aber in ihrem Gewicht.

Ein anschauliches Beispiel für diese Reduktion des Lösungsraums geht aus der Betrachtung eines rein mechanischen Antriebsstrangs hervor. Dieser bestehe aus einem Verbrennungsmotor als Energiequelle, einem 4-Gang-Schaltgetriebe und einer festen Endübersetzung. Dem Dieselmotor wird durch Vorgabe eines Zugkraft- und Geschwindigkeitsprofils eine Leistung abgefordert. Wird die Wirkungsgradoptimierung auf das Schaltgetriebe beschränkt, so muss die geforderte Fahrgeschwindigkeit durch die Übersetzungen des Schaltgetriebes und die Dieselmotordrehzahl realisiert werden. Es ist offensichtlich, dass für die optimale Gangwahl bei niedriger v und niedriger Zugkraft potenziell vier Konfigurationen, im Unterschied dazu bei niedriger Geschwindigkeit und hoher Zugkraft evtl. nur eine (erster Gang) zur Verfügung stehen.

Simulationsergebnisse

Bild 5-9 (a) zeigt beispielhaft das Ergebnis einer quasistationären Optimierung eines Antriebsstrangs, bestehend aus Verbrennungsmotor, mechanischem Schaltgetriebe, hydrostatischem Getriebe und mechanischem Endabtrieb.

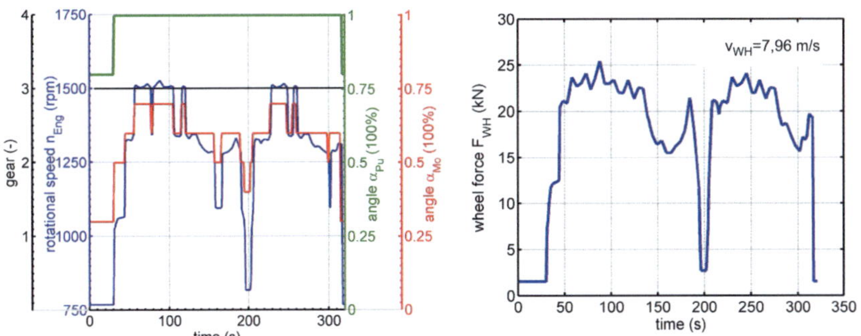

Bild 5-9: Optimierung der Steuertrajektorie für den DLG-Zyklus

Die Berechnung der zyklusspezifisch optimalen Steuertrajektorie (Zeitdiskretisierung 1s) für die Motordrehzahl, den Hydropumpen- und Hydromotorschwenkwinkel sowie die Gangwahl erfolgt für den in **Bild 5-9 (b)** dargestellten DLG-Traktor-Zyklus.

Zusammenfassung und Bewertung

Der vorgestellte Ansatz ist in MATLAB in der Form skriptgesteuert implementiert, dass die Einbindung und Optimierung eines Simulink-Antriebsstrangmodells möglich ist. Die Ergebnisse der Optimierungsläufe (vgl. exemplarisch Bild 5-9), die den Dieselmotor, das mechanische Schaltgetriebe und ein hydrostatisches Getriebe berücksichtigen, zeigen, dass der Ansatz um folgende Randbedingungen erweitert werden muss: einerseits um die dynamischen Verstelleigenschaften einzelner Komponenten, so dass die Berechneten Steuerfolgen keine „Sprünge" beinhalten; andererseits im Sinne der Optimierung selbst, um die Einbeziehung der transienten Wirkungsgradverläufe, die sich bei der Verstellung einer Komponente von einem in einen Nachfolgezustand ergeben. Diese Forderungen sollen durch den Ansatz der dynamischen Betriebsstrategie erfüllt werden.

5.4 Dynamischer Ansatz

Beim dynamischen Ansatz der Betriebsstrategie werden nicht nur aufeinanderfolgende stationäre Punkte betrachtet, sondern auch ihre Übergänge ineinander, das transiente Verhalten. Es stehen die dynamischen Effekte der Verstellung von Komponenten und deren Auswirkung auf den Wirkungsgrad der Maschine im Vordergrund. Hierfür werden zwei aufeinander aufbauende Ansätze entwickelt: Der erste wird als Amortisationsdauerverfahren bezeichnet. Der zweite daraus abgeleitete Ansatz wir im Folgenden als Kapitalwertverfahren bezeichnet. Für beide Ansätze werden zunächst ihre finanzmathematischen Ursprünge vorgestellt, bevor sie durch einen Transfer auf die Problemstellung der mehrstufigen Optimierung in mobilen Arbeitsmaschinen angepasst werden.

5.4.1 Mehrstufige Optimierung: Amortisationsdauerverfahren

Die dynamische Amortisationsrechnung ist eine klassische Methode der finanzmathematischen Investitionsrechnung. Die Grundidee besteht darin, die Anzahl von Zeitperioden zu bestimmen, die vergehen müssen, bis eine im Zeitpunkt t_0 getätigte Investition gewinnbringend wird. Die Summe der Zeitperioden heißt Amortisationsdauer t_a. Das Maß der Vorteilhaftigkeit einer Entscheidung für die Investition in Höhe von I_0 in t_0 ist der Vergleich der auf t_0 diskontierten (Zinssatz i_t) Rückfluss (R_t)-Summe mit dem eingesetzten Kapital. Sobald die Bedingung in (**5.9**) erstmalig erfüllt ist, steht die Amortisationsdauer und damit die erforderliche Mindestnutzungsdauer fest, vgl. [Car2008, Göt2008].

$$I_0 < \sum_{t=0}^{t_A} R_t \cdot (1+i)^{-t} \tag{5.9}$$

Transfer

Die Methode stellt die Basis der entwickelten dynamischen Betriebsstrategie dar. Sie dient nach ihrer Übertragung in den Kontext des Gesamtmaschinenmanagements der Bestimmung einer optimalen Betriebsführung.

Im dynamischen GMM-Ansatz gilt es, die Frage zu beantworten, ob es wirtschaftlich ist, eine im Zustand S_1 befindliche mobile Arbeitsmaschine in den quasistationär betrachtet optimalen Folgezustand S_2^* zu überführen oder im Ursprungszustand zu belassen, da die Verstellenergien (Verluste) zu hoch sind.

Die Maschinenzustände $S_0, S_1 ..., S_n$ repräsentieren verschiedene Maschinenkonfigurationen, die sich durch ein k-Tupel $(s_{i1}, s_{i2}, ... s_{ik})$ der aktuellen Status der optimierungsrelevanten Komponenten $C_1, ..., C_k$ beschreiben lassen, **Bild 5-10**.

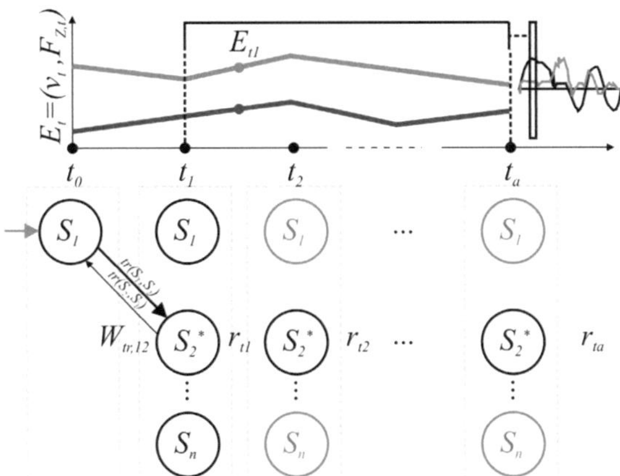

Bild 5-10: Amortisationsdauerkriterium im GMM

Die Optimierungsansätze bei stationärer und quasistationärer Betriebsstrategie (**Abschnitt 5.3**) haben gezeigt, dass es dafür, in Abhängigkeit der Komponentenfreiheitsgrade, verschiedene Möglichkeiten geben kann. Die alternativen Maschinenzustände unterscheiden sich aber durch die voneinander verschiedenen Betriebspunktkombinationen der Komponenten, deren Einzelwirkungsgrad und folglich auch im Gesamtwirkungsgrad der Maschine. Bei quasistationärer Betrachtung ist es deshalb immer wirtschaftlich, eine Maschine bei anhaltender Erfüllung der Prozessnebenbedingungen vom Zustand S_0 in den besten Folgezustand S_2^* zu überführen, da $\eta(S_2^*) > \eta(S_0)$ gilt.

Im dynamischen Ansatz hingegen wird die benötigte Energie $W_{tr,ij} = tr(S_i, S_j^*)$, die zur Zustandstransition erforderlich ist, in das Kalkül einbezogen. Anschaulich bedeutet das, dass beispielsweise die Verstellenergien hydraulischer Einheiten (Verschwenken, Druckaufbau) ebenso wie die erforderlichen Energien zur Beschleunigung träger Massen oder auch die Verluste beim Durchfahren ungünstiger Wirkungsgradbereiche während des Zustandsübergangs in den Optimierungsansatz integriert werden. Vor dem Hintergrund der Amortisationsdauerrechnung soll hier die Zeitdauer bestimmt werden, bis sich eine mit Verlusten (Transitionsenergien) verbundene Zustandsanpassung einer mobilen Arbeitsmaschine durch einen erhöhten Wirkungsgrad in Form einer Kraftstoffeinsparung auszahlt. Gleichung (**5.10**) ist in Analogie zur der Investitionsrechnung entlehnten Ursprungsgleichung formuliert und genügt den Besonderheiten des Maschinenkontexts (Herleitung in **Anhang B.1**).

$$W_{tr,ij} < -\sum_{t=1}^{t_A} P_{out,t} \cdot \underbrace{\left[\left(\frac{\eta_t(S_j^*) - \eta_t(S_i)}{\eta_t(S_i) \cdot \eta_t(S_j^*)} \right) \cdot \Delta t \right]}_{r_{ij,t} = \Delta W_t} \cdot \left(1 + \left(a - p(E_t) \right) \right)^{-t} \qquad (5.10)$$

Das inflationäre Rückflussverhalten der periodenbezogenen eingesparten Energiemenge ΔW_t wird als Möglichkeit zur Integration der wahrscheinlichkeitsgewichteten zukünftigen Anforderungsprofile an die Maschine in die Optimierung genutzt. $p(E_t)$ ist die angenommene Wahrscheinlichkeit für das Eintreten einer spezifischen Anforderung E zum Zeitpunkt t. Diese werden über einen Lastzyklus oder ein entsprechendes Kollektiv definiert. Für $p(E_t)$ können zwei Fälle unterschieden werden:

- **Fall 1**: Vollständige Information, Sicherheit $\rightarrow$ $p(E_t) = 1 \,\forall\, t$

  $a = 1$: konstante Gewichtung der Wirkungsgradverbesserungen

  $a > 1$: degressive Gewichtung der Wirkungsgradverbesserungen

- **Fall 2**: Unvollständige Information, Unsicherheit $\rightarrow$ $p(E_t) < 1 \,\forall\, t, \quad a = 1$

Im Fall 2 sind der aktuelle Zyklus und die aktuelle Positionierung der Maschine darin unbekannt, aber es liegt auf Basis bereits gefahrener Zyklen eine statistische Häufigkeitsverteilung der Betriebspunkte vor. Aus dieser wird mittels Prognoseverfahren die Wahrscheinlichkeit für das Eintreten künftiger Belastungen abgeleitet. Der prognostizierte Belastungszustand mit der höchsten Wahrscheinlichkeit wird als Folgezustand angenommen und bestimmt $p(E_t)$. Bei $t_a > 1$ ergibt sich $p(E_t)$ multiplikativ aus den prognostizierten Einzelwahrscheinlichkeiten der vorangehenden Zeitperioden.

Die weitere Entwicklung des dynamischen Optimierungsansatzes konzentriert sich auf Fall 1, da Fall 2 analog behandelt werden kann, wenn entsprechende Prognoseverfahren und historienbasierte Auswerteverfahren verfügbar sind.

Im untersuchten Fall 1 zeigt sich, dass eine Veränderung der äußeren Belastungen mindestens in einer Komponente zu einer Betriebspunktänderung führen muss, die vom Komponentenregler angestoßen wird. Das angewandte Verfahren zur Bestimmung der Amortisationsdauerberechnung bietet prinzipiell zwei verschiedene Ansätze, um dieser Situation zu begegnen. Entweder wird die vorgenommene Betriebspunktverschiebung in einer Komponente direkt als Bedingung zum erneuten Start der Amortisationsdauerberechnung genutzt oder alternativ die Betriebspunktverschiebung bei der Verfahrenssteuerung zunächst ignoriert und nur in der Rückflussberechnung berücksichtigt. Das kann dazu führen, dass durch den veränderten Komponentenwirkungsgrad die Rückflüsse betragsmäßig sehr klein werden oder das Vorzeichen ändern. Die Amortisationsdauer konvergiert dann gegen unendlich. Deshalb muss der Zeithorizont zur Bestimmung der Amortisationsdauer t_a beschränkt werden. Wird diese obere Schranke überschritten, beginnt das Verfahren erneut mit der Berechnung. Das angewandte Vorgehen beschreibt eine Art gleitende Amortisationsdauerberechnung. Der Vorteil der zweiten Vorgehensweise liegt darin, dass zufällig eingenommene günstige Betriebspunkte in einzelnen Komponenten, die t_a im Vergleich zur Optimallösung nur geringfügig erhöhen, nicht zu einem unvorteilhaften Abbruch und Neustart der Amortisationsdauerberechnung führen.

5.4.2 Mehrstufige Optimierung: Kapitalwertkriterium

Als Generalisierung der Amortisationsdauerberechnung wird in der Finanzmathematik die Kapitalwertmethode genutzt. In Ergänzung zur Entscheidungsfindung unter Berücksichtigung des Invests und der diskontierten Rückflüsse werden dabei auch die zum Ende der Betrachtungsdauer t_a realisierbaren Liquidationserlöse L berücksichtigt. Die Berechnungsformel lautet gem. Gleichung (5.11), vgl. [Car2008, Göt2008]:

$$I_0 < \sum_{t=0}^{t_A} R_t \cdot (1+i)^{-t} + L(1+i)^{-t_A} \tag{5.11}$$

Transfer

Die Übertragung in den Maschinenkontext baut auf dem Ansatz zur Amortisationsdauerberechnung auf. Die Analogie zu den Liquidationserlösen bei der Betrachtung ökonomischer Fragestellungen liefert bei der Wirkungsgradbetrachtung maschinennaher Optimierungsaufgaben die Untersuchung der Energiehaushalte der Komponenten. Aus einem Ausgangszustand heraus wird nur in einen neuen stationären Betriebszustand gewechselt, wenn das zu Gleichung (5.12) entwickelte Kapitalwertkriterium erfüllt ist.

$$W_{tr,ij} < -\sum_{t=1}^{t_A} P_{out,t} \cdot \underbrace{\left[\left(\frac{\eta_t(S_j^*) - \eta_t(S_i)}{\eta_t(S_i) \cdot \eta_t(S_j^*)} \right) \cdot \Delta t \right]}_{r_{ij,t} = \Delta W_t} \cdot \left(1 + (a - p(E_t))\right)^{-t} + W \tag{5.12}$$

W berücksichtigt den energetischen Endzustand der Komponenten innerhalb der Maschine, nach der Optimierung über dem betrachteten Zyklus. Damit ist die Einbeziehung von Komponenten mit Speicherwirkung in die Optimierung möglich. Das Optimierungsergebnis hängt demzufolge nicht nur von den betriebspunktspezifischen Wirkungsgraden ab, sondern auch von dem Potenzial einer energetischen Gesamtverbesserung durch eine abgestimmte Speicheransteuerung.

6 Verifikation des methodischen Ansatzes

Im **Kapitel 5** dieser Arbeit wird eine Methode zur Findung der optimalen Betriebsführung einer mobilen Arbeitsmaschine vorgestellt. Sie beinhaltet drei aufeinander aufbauende Strategien, deren Ergebnis nach sukzessiver Anwendung eine dynamisch optimale Betriebsführung zur Erreichung der im GMM definierten Zielvorgabe ist.

Die theoretisch hergeleiteten Zusammenhänge werden in den folgenden Abschnitten simulativ am Beispiel des Radladers L550 untersucht. Das Ziel ist eine vergleichende Beurteilung, inwieweit eine derart berechnete Betriebsführung die definierte Zielvorgabe des GMM erfüllt und eine Verbesserung des Grads der Zielerreichung im Vergleich zu einer hinterlegten Referenzbetriebsführung darstellt.

6.1 Modellbildung, Radlader L550

Für die simulative Untersuchung der Optimierungsansätze wird das Modell eines Radladers erstellt. In Hinblick auf die Zielstellung eines zyklenbasierten Vergleichs der verschiedenen Betriebsführungen wird zunächst der Modellansatz gewählt. Hierbei werden zwei Ansätze aufgrund der anders gearteten Wirkrichtungen ihrer Kausalketten unterschieden.

Der erste Modellansatz ist durch die bidirektionale, der realen physikalischen (actio = reactio) Kausalkette nachempfundene, paarweise gegenläufige Orientierung der leistungsrelevanten Signalflussgrößen charakterisiert, **Bild 6-1 a**. Demgegenüber steht der unidirektionale Ansatz, Bild 6-1 **b**. Dieser kinematisch inverse Ansatz sieht die abtriebsseitige Aufprägung gleichgerichteter komplementärer Leistungsflussgrößen vor. Er führt im Vergleich zur Abbildung einer bidirektionalen Kausalkette zu einem verringerten Rechenaufwand, da die Lösung der Bilanzgleichungen in den mechanischen und fluidischen Knotenpunkten (Kreuzungspunkte der grauen Signalflusspfeile) nicht erforderlich ist.

Unabhängig von der Kausalkettenrichtung des Modellansatzes stellt die angestrebte zyklenbasierte Untersuchung der Systemwirkungsgrade die Forderung an die leistungsrelevanten Werte der Modellgrößen, mit den vorgegebenen Werten der realen Größen des Zyklus übereinstimmen zu müssen. Es ist unter zwei Voraussetzungen möglich, das Verhalten eines Simulationsmodells mit dem sich im vorgegebenen Lastzyklus widerspiegelnden Verhalten des realen Systems zu synchronisieren:

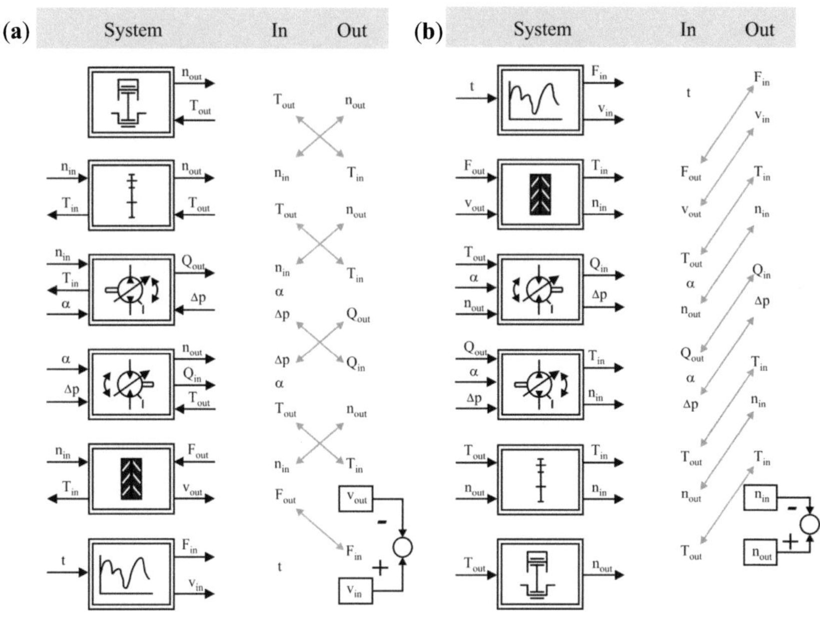

Bild 6-1: **(a)** Bidirektionale **(b)** Unidirektionale Kausalkette der Modellbildung

Im einen Fall müssen modellseitig zeitgleich die Dynamik der abgebildeten Systemkomponenten und der das Gesamtsystem beeinflussenden Regler mit dem realen System übereinstimmen. Im anderen Fall wird der Wert mindestens einer Stellgröße des Modells (bei Vernachlässigung der realen Dynamik) permanent so belegt, dass sie zu der erwünschten Übereinstimmung der zyklen- und modellseitigen Ausgangsgröße führt. Dies kann sowohl durch die Integration eines Modellreglers als auch numerisch durch eine iterative Nullstellensuche realisiert werden. Im bidirektionalen Ansatz ermöglicht der Modellregler, der unabhängig von den Reglern abgebildeter Systeme ist, durch den Vergleich des zyklusseitigen Sollwert mit dem modellseitigen Istwert der Fahrgeschwindigkeit einen Stelleingriff, sodass die Differenz gegen Null konvergiert. Im unidirektionalen Ansatz werden die Stelleingriffe durch Lösung einer algebraischen Schleife berechnet, sodass die Forderung nach der Übereinstimmung der modellseitigen mit der zyklenseitigen Antriebsdrehzahl erfüllt ist.

Für die spätere Berechnung einer Referenzbetriebsführung als Vergleichsbasis sowie zur Bestimmung der quasistationären Betriebsführung wird der unidirektionale Ansatz gewählt.

6.1.1 Modellbildung und Implementierung in MATLAB/Simulink

Das Radladermodell wird nach der erarbeiteten Systematik aus **Tabelle 6-1** erstellt.

I.)   Definition der Modellgrenzen und Modellannahmen
1.) Unendlich hohe Komponentendynamik
2.) Vollständige Information unter Sicherheit
II.)   Strukturanalyse der modellierten Bilanzräume
1.) Aggregation des Systems zu Bilanzräumen
2.) Bestimmung der Schnittstellengrößen
III.) Modellgewinnung
1.) Kennfeldbasierte Implementierung der Bilanzraumsysteme
2.) Integration der systemimmanenten Wirkprinzipien durch Komponentenkopplung
3.) Implementierung einer festen Betriebsführung

Tabelle 6-1: Systematik bei der Modellbildung des Radladers L550

I.) Für die Modellbildung zur Berechnung einer optimalen Betriebsführung des Radladers werden die Modellgrenzen des Verifikationsbeispiels eng gefasst. Es wird exemplarisch ausschließlich der Fahrantrieb und die Arbeitshydraulik abgebildet, da die Integration der angrenzenden Maschinenteilsysteme wie Lenkung oder Bremse bei erhöhter Laufzeit- und Speicherplatzkomplexität zur Lösungsberechnung analog erfolgen kann. Der Antriebsstrang berücksichtigt ein schlupffreies Rad, den Endabtrieb, das Achsverteilergetriebe, das hydrostatische Mehrmotorengetriebe und den Dieselmotor. Die Arbeitshydraulik wird in Form einer Leistungssenke, die über den Zyklus zu einer Zusatzbelastung des Dieselmotors führt, abgebildet.

I.1) Annahme 1: Für die Berechnung der quasistationär optimalen Betriebsführung wird von einer idealen Komponentendynamik ausgegangen. Das heißt, dass alle Komponenten oder Teilsysteme, die aufgrund eines Freiheitsgrades verstellbar sind, unendlich schnell (Verstellzeit $\rightarrow 0$ s) und ohne Einschwingvorgänge auf einen neuen Betriebspunkt eingestellt werden können.

I.2) Annahme 2: Es liegt vollständige Information unter Sicherheit vor. Das bedeutet, dass alle Ereignisse, die Auswirkungen auf die Erreichung der Zielvorgabe haben, bekannt und der Zeitpunkt sowie die Häufigkeit ihres Eintritts deterministisch sind. Diese Annahme wird durch die Vorgabe eines Zyklus als Belastung für das Modell realisiert.

II.) Die Strukturanalyse des L550 ist in **Kapitel 4** bei der Darstellung der Hauptleistungspfade des Radladers erfolgt. Die Schnittstellengrößen der Teilsysteme des betrachteten Fahrantriebs und der Arbeitshydraulik sind die Leistungsgrößen Drehzahl, Drehmoment, Druck und Volumenstrom (n, T, p, Q).

III.) Für die Gewinnung eines bei der Anwendung des Optimierungsverfahrens ressourcenschonenden Modells werden Kennfelder der Hydrostaten, des Dieselmotors und des mechanischen Getriebes benötigt.

Für die Hydrostaten liegen entweder Verlustkennfelder (T_{loss}, Q_{leak}) oder Effektivwertkennfelder (T_{eff}, Q_{eff}) vor. Sind diese direkt im Fahrzeug vermessen worden, ist der Wertebereich auf Größen unterhalb der Maximalleistungshyperbel begrenzt. Außerdem beinhalten diese Kennfelder in der Regel durch Sensor- und Verarbeitungsfehler bedingte nicht definierte Feldgrößen, die eine korrekte Verarbeitung unter MATLAB/Simulink erschweren. Deshalb werden verschiedene Funktionen implementiert, die durch Interpolation, Extrapolation und Diskretisierung der Kennfeldgrenzen auf die erforderliche Kennfeldzielgröße ein geeignetes 4-Quadranten-Kennfeld erzeugen und eine Reihe typischer Probleme (Interpolation an Kennfeldgrenzen, distinkte Vektoren etc.), die bei der skriptgesteuerten Umrechnung von Kennfelddaten auftreten, behandeln.

6.1.2 Betriebsführung, Referenz (als Vergleichsbasis)

Die durchgeführte Analyse der DOF des L550 zeigt, dass bei Erhalt der geschwindigkeitsabhängigen Ölmotorenverstellung (Kennliniensteuerung, vgl. [Pfa2003]) und Kupplungsbetätigung zur Übersetzungswahl im mechanischen Achsverteilergetriebe (AVG) nur der Pumpenschwenkwinkel α_P und die Dieseldrehzahl n_{Eng} frei wählbar sind. Nach der Festlegung einer der zunächst als frei wählbar angenommenen zwei Größen ergibt sich die andere implizit aufgrund der fluidisch-mechanischen Leistungskopplung der beiden Systemkomponenten Verstellpumpe und Dieselmotor.

In Anlehnung an die Darstellungen der automotiven Steuerung in [Dei2009, Koh2008] wird der modellseitig implementierten Maschinensteuerung zur Berechnung einer Referenzbetriebsführung (Vergleichsbasis der Optimierung) eine lineare funktionale Beziehung zwischen Pumpenschwenkwinkel und Dieseldrehzahl n_{Eng} zugrunde gelegt, (**6.1**).

$$\alpha_{Pu} = f(n_{Eng}) = m \cdot n_{Eng} + a \tag{6.1}$$

Der Verlauf des Pumpenschwenkwinkels ist in **Bild 6-2** zusammen mit der Volllast-kennlinie und der Maximalleistungskennlinie des antreibenden Dieselmotors darge-stellt.

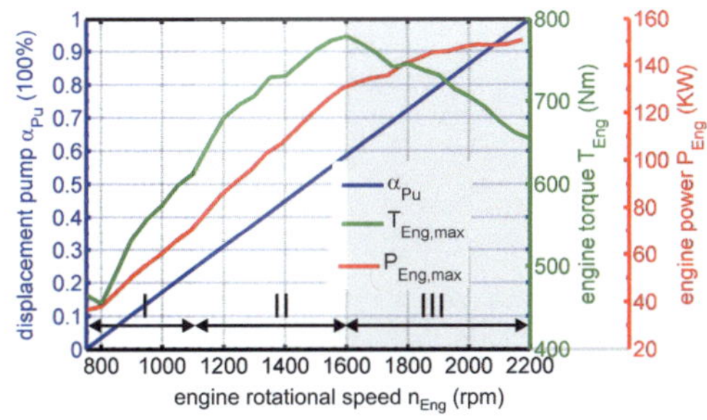

Bild 6-2: Pumpenschwenkwinkel als Funktion der Dieseldrehzahl

Die so bestimmte feste Steuertrajektorie des Pumpenwinkels wird den Leistungsforde-rungen aus dem Fahrantrieb sowie den ebenfalls vom Dieselmotor zu erfüllenden überlagerten Leistungsforderungen der Arbeitshydraulik im Y-Zyklus gerecht:

In Abschnitt **I** läuft der Dieselmotor mit einer niedrigen Drehzahl. Der von der Fahr-pumpe geförderte Volumenstrom ist gering, sodass die Leistung des Fahrantriebs überwiegend vom sich einstellenden Lastdruck abhängt.

Im Abschnitt **II** vergrößert sich der Schwenkwinkel weiter. Bei unbetätigter Arbeits-hydraulik steht dem Fahrantrieb deshalb bei mittleren Fahrgeschwindigkeiten das im Dieselmotorkennfeld überproportional ansteigende Volllastmoment für die Beschleu-nigung zur Verfügung. Die hier angenommene lineare funktionale Beziehung kann durch die bedienerseitige Priorisierung der Arbeitshydraulik mittels Inchpedal jeder-zeit aufgelöst werden. Beim Inchen wird der für das Halten des Schwenkwinkels er-forderliche drehzahlabhängige Steuerdruck (DA-Regelung, vgl. [Bos2007b, Bos2008]) durch Öffnen des Inchventils verringert, sodass die Fahrpumpe den Volu-menstrom und damit die Leistungsanforderung des Fahrantriebs verringert. Folglich steht mit zunehmendem Ventilöffnungsquerschnitt in steigendem Maße die Leistung des Dieselmotors der Arbeitshydraulik zur Verfügung.

In Abschnitt **III** werden der Maximalvolumenstrom und die maximale Dieselmotorleistung für eine maximale Fahrgeschwindigkeit abgegeben. Bei abtriebsseitiger steigender Last wird die Dieseldrehzahl gedrückt (was einhergeht mit einem Drehmomentanstieg), die Fahrgeschwindigkeit wird durch Reduktion des Schwenkwinkels verringert (Grenzlastregelung) und der im Gang 3 aktive Verstellmotor 1 vergrößert das Schluckvolumen.

Simulationsergebnisse

Die Darstellung der mittels Referenzbetriebsführung berechneten Stellgrößen- und Wirkungsradverläufe über dem kurzen Y-Radlader-Ladezyklus (**Bild 6-3**) erfolgt in drei Schritten.

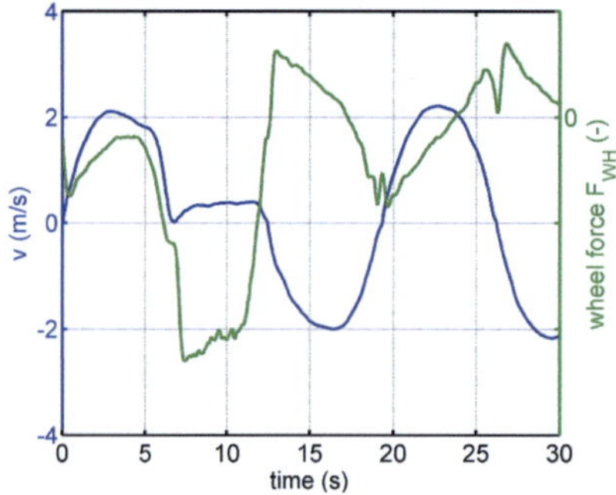

Im Schritt 1 werden der Wirkungsgrad des Fahrantriebs und der Pumpenschwenkwinkel ohne Berücksichtigung der Arbeitshydraulik berechnet. Im Schritt 2 erfolgt die Bestimmung derselben Größen mit Integration der Arbeitshydraulikleistung und Erhalt der Kennliniensteuerung der Verstellpumpe im Fahrantrieb.

Bild 6-3: Kurzes Y-Radlader-Ladespiel

Im Schritt 3 wird das Szenario aus Schritt 2 erneut berechnet, wobei die Verstellung der Dieselmotordrehzahl durch einen 2-Punkt-Leistungsregler vorgenommen wird, der die Betätigung des Inchverhaltens eines Bedieners nachbilden soll.

Schritt 1

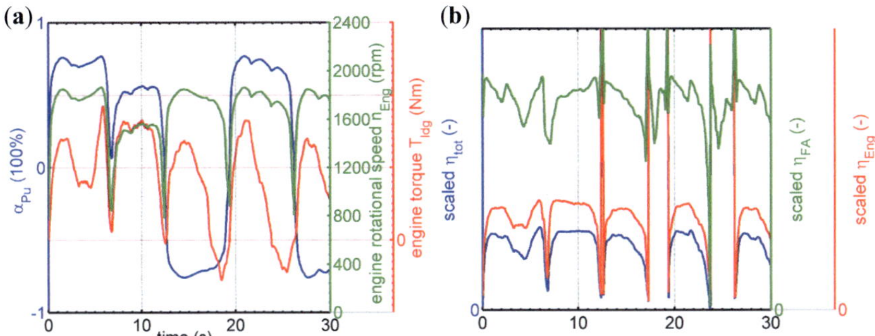

Bild 6-4: (a) Stellgrößen (b) Wirkungsgrade ohne Berücksichtigung der Arbeitshydraulik

Schritt 2

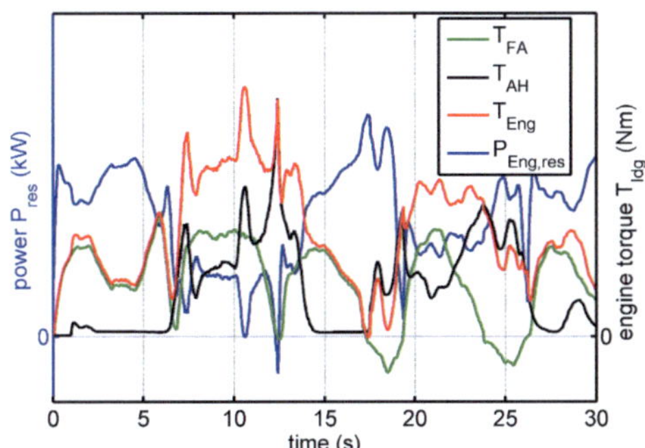

Bild 6-5: Drehmomente des Fahrantriebs und der Arbeitshydraulik, Summendrehmoment auf den Dieselmotor, Leistungsreserve Dieselmotor mit Berücksichtigung der Arbeitshydraulik

Bild 6-4 illustriert die Stellgrößenverläufe sowie Wirkungsgrade des Fahrantriebs. Die Dieselmotordrehzahl n_{Eng} ist aufgrund der Kennliniensteuerung im reinen Fahrszenario ohne Betätigung der Arbeitshydraulik höher, als es die abgeforderte Leistung bedingt. Folglich kann durch eine alternative Steuerkennlinie die Drehzahl gesenkt und der Gesamtwirkungsgrad η_{tot}, der in hohem Maß durch den des Dieselmotors η_{Eng} bestimmt ist, angehoben werden.

Wird die für die Arbeitshydraulik erforderliche Leistung in die Betrachtung mit einbezogen, so zeigt sich, dass mit der hinterlegten Steuerkennlinie des Pumpenschwenkwinkels im Fahrantrieb vom Dieselmotor zwar das erforderliche Summendrehmoment $(T_{FA} + T_{AH}) = T_{Eng}$, nicht aber die erforderliche Gesamtleistung erbracht werden kann. Diesen Zusammenhang verdeutlicht **Bild 6-5**. Es zeigt in Abhängigkeit der kennlinienbasierten Pumpensteuerung im Fahrantrieb und der Drehmomentanforderungen aus dem Arbeits- sowie Fahrantrieb die zu jedem Zeitpunkt des Zyklus verfügbare Leistungsreserve $P_{Eng,res}$ **(6.2)** des Dieselmotors.

$$P_{Eng,res} = \left(n_{Eng} \cdot T_{Eng} \cdot \frac{2\pi}{60} \right) - \left[\left(\Delta p_{AH} \cdot Q_{AH} \cdot \frac{1}{\eta_{tot,AH}} \cdot \frac{5}{3} \right) + \left(n_{Pu,FA} \cdot T_{Pu,FA} \cdot \frac{2\pi}{60} \right) \right] \quad (6.2)$$

Zum Zeitpunkt $t = 12{,}5$ s ist $P_{Eng,res} < 0$, was zu einem Drehzahleinbruch und zum Ausgehen des Dieselmotors führen würde (in der Simulation zu Demonstrationszwecken temporär zugelassen). Folglich ist der Zyklus nur durchfahrbar, falls die Inchfunktion, die zur temporären Auflösung der Kennliniensteuerung führt, berücksichtigt wird.

Schritt 3

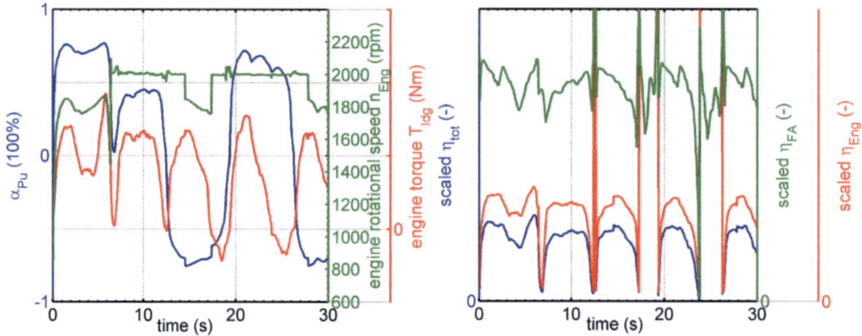

Bild 6-6: **(a)** Stellgrößen **(b)** Wirkungsgrade mit Berücksichtigung der Arbeitshydraulik und Inchfunktion

Die sich ergebenden Auswirkungen auf die Stellgrößenverläufe und Wirkungsgrade sind in **Bild 6-6** dargestellt: Mit der Dieseldrehzahlerhöhung während der Betätigung des Inchpedals in den Zeitbereichen 6,4-14,5 s und 17,4-27,8 s sinkt der Gesamtwirkungsgrad im Fahrantrieb aufgrund des niedrigeren Dieselmotorwirkungsgrads.

6.2   Optimale Betriebsführung, quasistationär

Zur Verifikation des quasistationären Ansatzes wird die quasistationär optimale Betriebsführung mit demselben Simulationsmodell des Radladers L550 bestimmt. **Bild 6-7** beinhaltet das Schema der Berechnung.

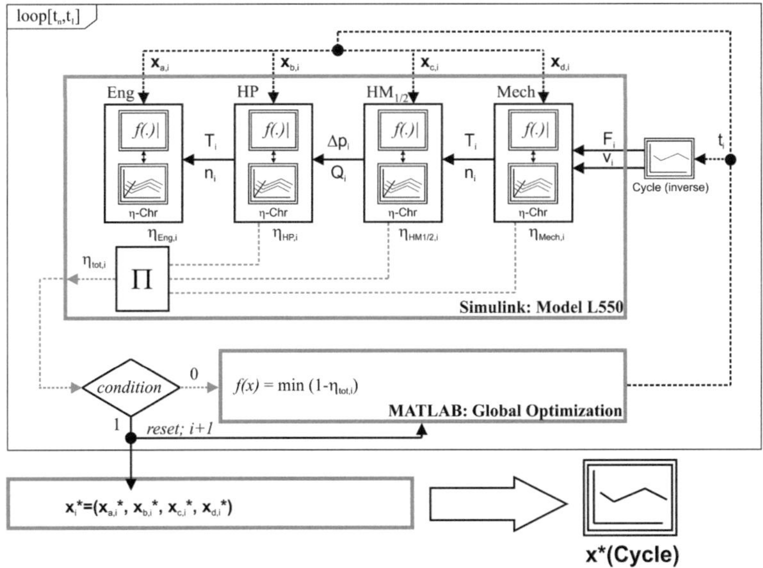

Bild 6-7: Simulationsgestützte Berechnung der optimalen Betriebsführung

Die verwendete Kostenfunktion (**6.3**) lautet:

$$f(\overline{x}, \overline{p}) = \sum_{t=t_1}^{t_n} P_{out,t} \cdot \left(\frac{1}{\eta_{tot,t}(\overline{x}_t)} - 1 \right) \cdot \Delta t \qquad (6.3)$$

Es ist offensichtlich, dass aufgrund der gewählten Kostenfunktion die Summe der Energieverluste beim Übergang von einer Maschinenkonfiguration zum Zeitpunkt (t_{i-1}) zu allen möglichen Folgekonfigurationen in t_i identisch ist, da die aktuell geforderte Abtriebsleistung P_{out} gleich ist. Deshalb kann das Optimum x_i^* für jede Entscheidungsstufe t_i (Zeitpunkt des mit Δt diskretisierten Zyklus) durch eine globale Suche des Wirkungsgradmaximums aller Komponenten bestimmt werden. Da die Komponentenmodelle quasistationär sind, ist eine Simulationsschrittweite von $h=\Delta t$

ausreichend. Für die quasistationäre Bewertung wird dennoch das BELLMAN-Verfahren implementiert, sodass auch für Kostenfunktionen, die zu unterschiedlichen Kantenbewertungen führen, das mehrstufige Optimierungsproblem gelöst werden kann.

Simulationsergebnisse

Bild 6-8 (a) zeigt den Verlauf der Stellgrößen Dieselmotordrehzahl, Dieselmotordrehmoment und Pumpenschwenkwinkel, Bild 6-8 **(b)** den Gesamtwirkungsgradverlauf im Fahrantrieb unter Vernachlässigung der Arbeitshydraulik. Der Grund für den stufenförmigen Verlauf bei Verwendung des BELLMAN-Verfahrens liegt in der für die Berechnung der Optimallösung vorgenommenen Diskretisierung. Die Lösung der globalen Suche mittels Pattern-Search-Algorithmus liefert hingegen einen nahezu stetigen Verlauf.

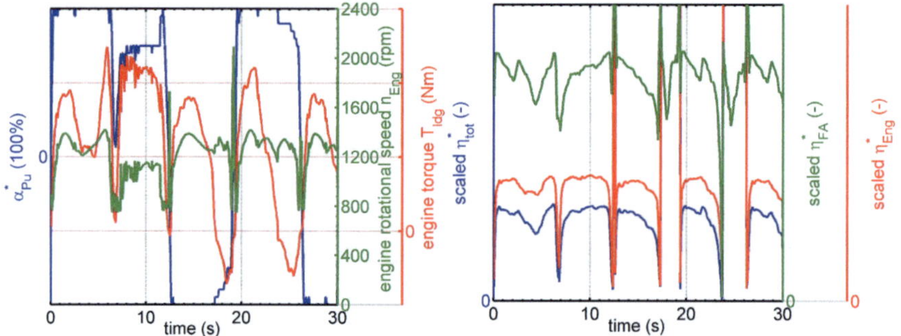

Bild 6-8: **(a)** Optimierte Stellgrößen **(b)** Optimierte Wirkungsgrade im Fahrantrieb ohne Berücksichtigung der Arbeitshydraulik (berechnet mit BELLMAN-Verfahren)

Bild 6-9 (a) illustriert die Verläufe derselben Größen, wobei die zusätzliche Leistungsanforderung der Arbeitshydraulik während der Optimierung berücksichtigt wird. Es zeigt sich, dass das zuvor identifizierte Einsparpotenzial (im Vergleich zur Referenzbetriebsführung) durch ein Absenken der Dieselmotordrehzahl aufgrund der Arbeitshydraulikforderung nur bedingt ausgeschöpft werden kann. In Hinblick auf den realen Betrieb bleibt die Fragestellung offen, inwieweit ein vom vorgegebenen Geschwindigkeitswunsch gelöster, automatisiert eingestellter Motordrehzahlverlauf beim Maschinenbediener Akzeptanz finden würde.

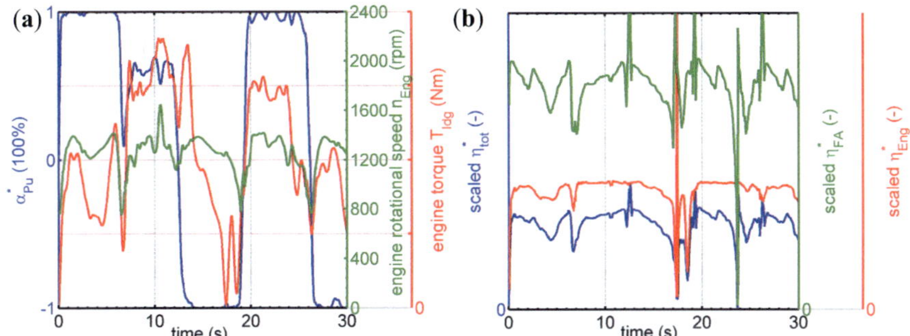

Bild 6-9: (**a**) Optimierte Stellgrößen (**b**) Optimierte Wirkungsgrade im Fahrantrieb
mit Berücksichtigung der Arbeitshydraulik (berechnet mit Pattern Search)

6.3 Optimale Betriebsführung, dynamisch

Zur Berechnung der Betriebsführung nach der dynamischen Betriebsstrategie wird das
bestehende Modell der quasistationären Optimierung erweitert. Es werden die Verstellenergien der einzelnen Komponenten beim Übergang von einem in einen darauffolgenden Betriebspunkt berücksichtigt. Verstellenergie wird wie folgt definiert:

- **Verstellenergie**

bezeichnet die von extern oder direkt aus einem System bereitgestellte Energie $W_{tr,ij}$,
die erforderlich ist, um von einem Zustand s_i in einen Folgezustand s_j zu gelangen.
Es werden zwei Arten von Verstellenergien unterschieden:

- **Typ 1**: ist die Energie, die einem System aus seiner Peripherie zugeführt wird,
  um die Veränderung einer Stellgröße zu bewirken, die das System in eine (der
  vorgegebenen Führungsgröße entsprechende) andere Konfiguration bringt.

- **Typ 2**: ist die Energie, die sich (nach einer Führungs- oder Störgrößenände-
  rung) aus dem Zeitintegral der während der Einschwingzeit des Systems anliegenden äußeren Leistung, gewichtet mit dem sich währenddessen verändern-
  dem Systemwirkungsgrad, ergibt. (vgl. **Kapitel 2**: Verbrauch des drehzahlge-
  regelten Dieselmotors bei einem Führungsgrößensprung).

Zur Veranschaulichung des Ansatzes wird exemplarisch für die Verstellung des Pumpenschwenkwinkels ein PT2-Verhalten angenommen. Der Dieselmotor, dessen dynamisches Verhalten aus **Kapitel 2** bekannt ist, sowie weitere Systemkomponenten können in zukünftigen Arbeiten analog eingebunden werden.

Kostenfunktion

Die Kosten für den transienten Betriebspunktübergang eines Systems ergeben sich aus der Summe der Verstellenergien des Typs 1 W_{tr1} und des Typs 2 W_{tr2}. Für eine Axialkolbeneinheit in Schrägscheibenbauweise wie im L550 kann die Verstellenergie vom Typ 1 $W_{tr1,\Delta\beta}$ für die Änderung des Schwenkwinkels von α_1 auf α_2 nach [Iva1993] aus dem schrägscheibenseitig wirkenden Drehmoment berechnet werden (**6.4**).

$$W_{tr1,\Delta\alpha} = -\int\limits_{\alpha_1}^{\alpha_2} M_x \cdot d\alpha = -\int\limits_{\alpha_1}^{\alpha_2} M_x(\varphi,\alpha) \cdot d\alpha = -\int\limits_{t_1}^{t_2} M_x(\varphi(t),\alpha(t)) \cdot \frac{d\alpha}{dt} \cdot dt \qquad (6.4)$$

Das Drehmoment $M_{tr1,\Delta\alpha}$ lässt sich aus den Resultierenden der Druck-, Reibungs- sowie beschleunigungsabhängigen Kolbenkräfte und dem wirksamen Verstellhebelarm bestimmen.

Aufgrund der Annahme eines PT2-Verhaltens bei einer Schwenkwinkeländerung kann die Verstellenergie W_{tr2} über der Einschwingdauer gemäß **Bild 6-10** nach (6.5) berechnet werden.

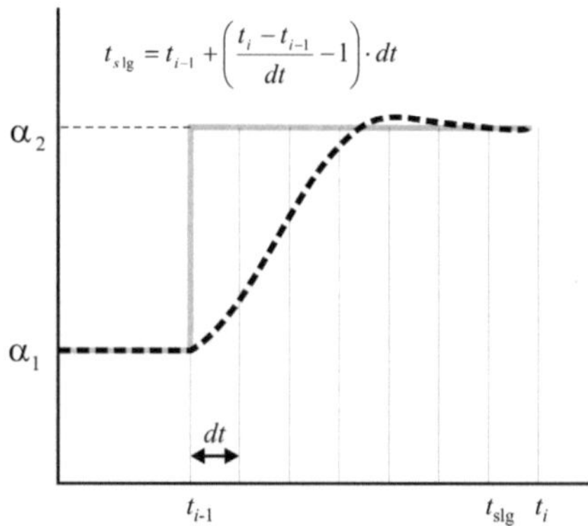

Bild 6-10: Angenommener PT2-Schwenkwinkelverlauf bei Führungsgrößensprung

$$W_{tr2,\Delta\alpha} = -\int_{t_{i-1}}^{t_{slg}} P_{out} \cdot \left(\frac{1}{\eta_{tot,t}\left(\overline{x}_t\right)} - 1 \right) \cdot dt \qquad (6.5)$$

Bei der programmiertechnischen Umsetzung unter MATLAB wird für die gegebene Zeitdiskretisierung ($\Delta t = t_i - t_{i-1}$) der BELLMAN-Optimierung eine Simulationsschrittweite $h < \Delta t$ so gewählt, dass die Dynamik der höchstdynamischen Zustandsvariablen erfasst werden kann. Die Bestimmung der Optimallösung erfolgt in der Form, dass zunächst für jeden BELLMAN-Zeitschritt, in Abhängigkeit des Gradienten der betrachteten Zustandsänderung die maximal erforderliche Einschwingdauer t_{slg} berechnet wird. Dann werden in mehreren Simulationsläufen die für alle möglichen Verstellungen anfallenden Kosten ($W_{tr1} + W_{tr2}$) bestimmt und das Minimum für den bisherigen Gesamtzyklus berechnet.

Simulationsergebnisse

Bild 6-11 (**a**) zeigt die diskretisierte Steuertrajektorie der Stellgrößen bei dynamischer Optimierung, Bild 6-11 (**b**) die entsprechenden Wirkungsgrade.

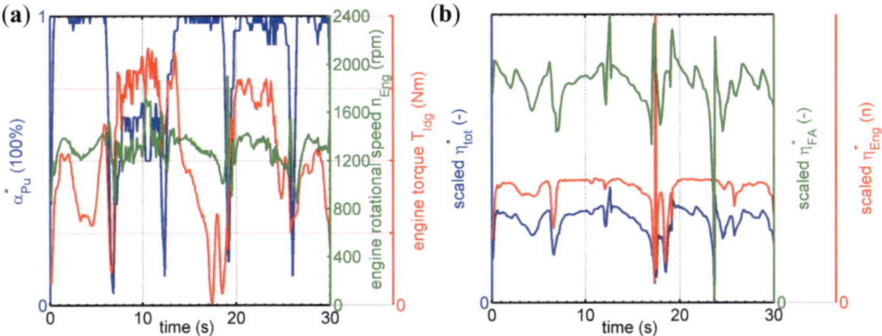

Bild 6-11: (**a**) Dynamisch optimierte Stellgrößen (**b**) Dynamisch optimierte Wirkungsgrade im Fahrantrieb mit Berücksichtigung der Arbeitshydraulik

6.4   Vergleich

Ein Vergleich der drei berechneten Betriebsführungen kann anhand der mittels Kostenfunktion bestimmten Kosten entlang der Zykluszeit durchgeführt werden. Die entsprechenden Verläufe der integrierten Kosten sind in **Bild 6-12** gegenübergestellt.

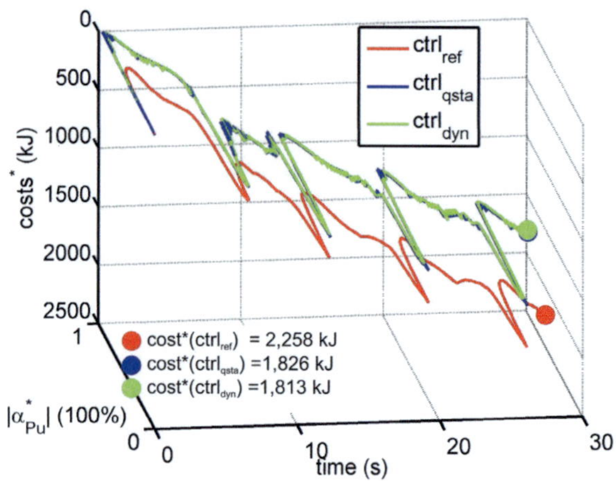

Bild 6-12: Kostenverläufe der Referenz-, quasistationären und dynamisch berechneten Betriebsführung

Zusammenfassung und Bewertung

Die Kosten für die quasistationär sowie dynamisch berechneten Betriebsführungen liegen deutlich unter denen der Referenzbetriebsführung. Der Grund hierfür ist, dass eine zyklusspezifische Optimierung, die zu den Steuertrajektorien für die einzelnen Stellgrößen führt, eine für den Gesamtzyklus wirkungsgradoptimale Konfigurationsfolge ermöglicht. Die Arbeit belegt damit, dass der vorgestellte Optimierungsansatz zu einer Erhöhung des Gesamtwirkungsgrads und einer Reduktion des zyklusspezifischen Kraftstoffverbrauchs führen kann.

Die dynamische Betriebsführung weist im Vergleich zur quasistationären im vorgetellten Beispiel nur marginale Effizienzvorteile auf. Der Grund hierfür liegt in den geringen Verstellenergien des Typs 1 und den hohen Energierückflüssen des Typs 2 bei der Verstellung einer hydrostatischen Einheit (Anmerkung: Die gezogenen Bilanzgrenzen zur Kostenberechnung berücksichtigen bisher nicht die permanent auftretenden Verluste, die sich aufgrund einer hydrostatischen Verstellung im Steuerkreis ergeben). Deshalb ist die Amortisationsdauer kleiner als die gemäß des definierten PT2-Verlaufs angenommene Einschwingzeit der Verstellgröße. Eine Verstellung in einen wirkungsgradbesseren Zielbetriebspunkt führt folglich unmittelbar zu einem zu erwirtschaftenden Nutzen. Weitere Arbeiten werden zeigen müssen, ob die Integration trägerer Systeme mit hohen Verstellkosten des Typs 1 (wie der Dieselmotor, vgl. **Kapitel 3**) zu einem deutlicheren Effizienzvorteil der dynamischen Betriebsführung führen kann.

7 Zusammenfassung und Ausblick

Die vorliegende Arbeit beschreibt die Vorgehensweise zur Modellbildung des Primärenergielieferanten Dieselmotor. Im Fokus stehen das transiente Drehzahl- sowie Verbrauchsverhalten. Die wesentlichen Komponenten der zu betrachtenden Steuerketten innerhalb mobiler Arbeitsmaschinen sind im Hinblick auf ihre Rolle im Gesamtmaschinenmanagement untersucht worden und dienen damit als Basis für eine Berücksichtigung in den vorgestellten Optimierungsansätzen. Die Optimierungsstrategien erlauben die Einbringung weiterer Komponenten oder Teilsysteme und damit die Integration weiterer verschiedener, hierarchisch untergeordneter Regelmechanismen. So besteht beispielsweise die Möglichkeit, die deutlich höherdynamischen Hydrostatenverstellungen mit deren Auswirkungen auf das Fahr- sowie das Verbrauchsverhalten in die Entwicklung neuer Betriebsführungsansätze zu integrieren. Die normative Festlegung der für diese Thematik verwendeten Begrifflichkeiten sorgt für übergreifende Transparenz der beschriebenen Optimierungsansätze und berücksichtigt wesentliche Ausarbeitungen auf diesem Gebiet.

Zur Höherqualifizierung des vorgestellten Ansatzes zur Abbildung des Dieselmotors ist bei der Modellbildung für den Primärenergielieferanten die Möglichkeit zu untersuchen, das Steuergeräte- und Abgasturboladermodell weiter zu detaillieren und Peripherieaggregate einzubeziehen. Außerdem sollte die Möglichkeit untersucht werden, mit dem Motormodell erstellte stationäre Kennfelder in der Form zu skalieren, dass sie bei hoher Abstraktion das Verbrauchsverhalten anderer Motortypen abbilden können.

Darüber hinaus kann ein Abgasmodell für den Nachweis eines ökologischen Betriebs der mobilen Arbeitsmaschine einbezogen werden, was auch im Hinblick auf die verschärften Emissionsvorschriften von zunehmendem Interesse sein wird.

In der Simulationstechnik ist erhebliches Entwicklungspotenzial bei der Weiterentwicklung einer objektiven Validierungsmethode für Simulationsmodelle identifiziert worden. Beispielsweise sind Fehler in der Messkette zu berücksichtigen, um dem Anspruch einer Einstufung des Simulationsmodells in die gewünschte Genauigkeitsklasse gerecht zu werden.

Die Weiterentwicklung eines Gesamtmaschinenmanagements nach dem vorgestellten Ansatz der dynamischen Betriebsstrategie erfordert die Bereitstellung eines geeigneten Prädiktormoduls. Zwei Funktionen sind hierbei von primärem Interesse: Erstens müssen aus dem Prädiktor bisher unbekannten Belastungs- und Fahrsituationen Muster gewonnen und zur weiteren Nutzung in Form einer Wissensdatenbank zur Verfügung gestellt werden. Zweitens soll das Modul auf Basis von Sensordaten der Maschine die aktuelle Fahrsituation frühzeitig einem der bereits erfassten Muster zuordnen, um dann das gesamte Belastungsprofil des Musters als wahrscheinlichkeitsgewichteten prädizierten Horizont für die Optimierung nutzen zu können. Ergänzend hierzu sind weitere Untersuchungen erforderlich, um den Nutzen und die Umsetzbarkeit des Amortisationsdauer- sowie des Kapitalwertkriteriums der dynamischen Betriebsstrategie anhand einer Beispielmaschine zu validieren.

Bei konsequenter Fortführung der vorliegenden Arbeit kann ein umfassendes multifunktionales „knowledge-based" Optimierungssystem für mobile Arbeitsmaschinen entstehen. Die Vision ist die Entwicklung eines lernfähigen Gesamtmaschinenmanagements, das selbstoptimierend, selbstkonfigurierend und ausfallresistent auf veränderliche eintretende Fahrsituationen reagiert, die Effizienz der Maschine erhöht und den Bediener entlastet.

A Anhang – Dynamisches Dieselmotormodell

A.1 Zustandsdifferentialgleichungen (Z-DGL) der Regelstrecke

$$\dot{x}_1(t) = x_2(t)$$

$$\dot{x}_2(t) = \frac{1}{J_{red}} \cdot \sum T_x = \frac{1}{J_{red}} \cdot \left((T_{cmb}(t) + T_{mosc}(t) - \overline{T}_{fr}(t)) - u_2(t) \right)$$

$$\dot{x}_3(t) = \frac{R}{c_v \cdot C(t)} \cdot \left[A(t) - \left(1 + \frac{c_v}{R}\right) \cdot x_3(t) \cdot D(t) \right] \cdot x_2(t)$$

$$\dot{x}_4(t) = \frac{1}{c_v \cdot m_L} \cdot \left[A(t)\left(1 - c_v \cdot x_4(t) \cdot \frac{1}{H_u}\right) - x_3(t) \cdot D(t) \right] \cdot x_2(t)$$

- $A(t)$

$$Fall\ I : 355° \leq x_1(t) \leq 355° + \varphi_{cl}$$

$$A(t) = \left(\frac{u_1(t)}{\varphi_{cl}} \cdot a_V \cdot (m_V + 1) \cdot \left(\frac{x_1(t) - 355°(\frac{\pi}{180°})}{\varphi_{cl}} \right)^{m_V} \cdot e^{-a_V \cdot \left(\frac{355°(\frac{\pi}{180°})}{\varphi_{cl}} \right)^{(m_V + 1)}} - ... \right)$$

$$...(\alpha_G(t) \cdot A_W \cdot (x_4(t) - Tmp_W))$$

$$Fall\ II : sonst$$

$$A(t) = -\left(\alpha_G(t) \cdot A_W \cdot (x_4(t) - Tmp_W)\right)$$

$$mit \quad \alpha_G(t) = 0{,}013 \cdot d_{Pis}^{-0,2} \cdot x_3(t)^{0,8} \cdot x_4(t)^{-0,53} \cdot \left[C_1 \cdot c_m + C_2 \cdot \frac{V_h \cdot Tmp_{InCl}}{p_{InCl} \cdot V_{InCl}} \cdot (x_3(t) - B(t)) \right]^{0,8}$$

- $B(t)$

$$B(t) = u_3(t) \cdot \left(\frac{V_h}{C(t)} \right)^{\kappa}$$

- $C(t)$

$$C(t) = V_z\left(\varphi(t)\right) = A_{Pis} \cdot r \cdot \left(1 - \cos(x_1(t)) - \frac{1}{\lambda} \cdot \sqrt{1 - \lambda^2 \cdot \sin^2(x_1(t))} + \frac{1}{\lambda} \right) + V_c$$

- $D(t)$

$$D(t) = \frac{dV_z(\varphi(t))}{d\varphi(t)} = A_{Pis} \cdot r \cdot \left(\sin(x_1(t)) + \frac{\lambda \sin(x_1(t)) \cdot \cos(x_1(t))}{\sqrt{1 - \lambda^2 \sin^2(x_1(t))}} \right)$$

A.2 Vektorform der Z-DGL der Regelstrecke

$$\dot{\overline{x}} = \overline{a}(\overline{x}) + \overline{b}(\overline{x})\overline{u} + \overline{z}(\overline{x}) = \begin{bmatrix} x_2 \\ a_2(\overline{x}) \\ a_3(\overline{x}) \\ a_4(\overline{x}) \end{bmatrix} + \begin{bmatrix} 0 \\ -1/J_{red} \\ b_3(\overline{x}) \\ b_4(\overline{x}) \end{bmatrix} \overline{u} + \begin{bmatrix} 0 \\ z_2(\overline{x}) \\ 0 \\ 0 \end{bmatrix}$$

mit den nichtlinearen Funktionen a_i:

$$a_2(x_1, x_2, x_3) = \frac{1}{J_{red}} \left[\begin{array}{l} \left(\frac{V_h}{2} \cdot x_3(t) \cdot \left(\sin(x_1(t)) + \frac{\lambda}{2} \cdot \frac{\sin(2 \cdot x_1(t))}{\sqrt{1 - \lambda^2 \cdot \sin^2(x_1(t))}} \right) \right) + \ldots \\ \ldots \left(m_{osc} \cdot r^2 \cdot (x_2(t))^2 \cdot \left(\frac{1}{4} \cdot \lambda \cdot \sin(x_1(t)) - \frac{1}{2} \cdot \sin(2 \cdot x_1(t)) - \ldots \right. \right. \\ \left. \left. \qquad \ldots \frac{3}{4} \cdot \lambda \cdot \sin(3 \cdot x_1(t)) - \frac{1}{4} \cdot \lambda^2 \cdot \sin(4 \cdot x_1(t)) \right) \right) \end{array} \right]$$

$$a_3(x_1, x_2) = \frac{R \cdot \left[-\alpha_G(t) \cdot A_W \cdot (x_4(t) - Tmp_W) - \left(1 + \frac{c_v}{R}\right) \cdot x_3(t) \cdot A_{Pis} \cdot r \cdot \left(\sin(x_1(t)) + \frac{\lambda \sin(x_1(t)) \cdot \cos(x_1(t))}{\sqrt{1 - \lambda^2 \sin^2(x_1(t))}} \right) \right] \cdot x_2(t)}{c_v \cdot \left(A_{Pis} \cdot r \cdot \left(1 - \cos(x_1(t)) - \frac{1}{\lambda} \cdot \sqrt{1 - \lambda^2 \cdot \sin^2(x_1(t))} + \frac{1}{\lambda} \right) + V_c \right)}$$

$$a_4(x_1, x_3, x_4) = \frac{x_2(t)}{c_v \cdot m_L} \cdot \left[\begin{array}{l} -\alpha_G(t) \cdot A_W \cdot (x_4(t) - Tmp_W) \cdot \left(1 - c_v \cdot x_4(t) \cdot \frac{1}{H_u} \right) - \ldots \\ x_3(t) \cdot A_{Pis} \cdot r \cdot \left(\sin(x_1(t)) + \frac{\lambda \sin(x_1(t)) \cdot \cos(x_1(t))}{\sqrt{1 - \lambda^2 \sin^2(x_1(t))}} \right) \end{array} \right]$$

mit den nichtlinearen Funktionen b_i:

$$b_3(x_1,x_2) = \begin{cases} Fall\ I : 355° \leq x_1(t) < 355° + \varphi_{cl} \\[2em] \dfrac{\dfrac{R}{\varphi_{cl}} \cdot a_V \cdot (m_V + 1) \cdot \left(\dfrac{x_1(t) - 355°(\dfrac{\pi}{180°})}{\varphi_{cl}} \right)^{m_V} \cdot e^{\left(-a_V \cdot \left(\dfrac{355°(\frac{\pi}{180°})}{\varphi_{cl}} \right)^{(m_V+1)} \right)}}{c_V \cdot \left(A_{Pis} \cdot r \cdot \left(1 - \cos(x_1(t)) - \dfrac{1}{\lambda} \cdot \sqrt{1 - \lambda^2 \cdot \sin^2(x_1(t))} + \dfrac{1}{\lambda} \right) + V_c \right)} \cdot x_2(t) \\[2em] Fall\ II : 0° \leq x_1(t) < 355° \vee 355° + \varphi_{cl} < x_1(t) \leq 720° \\[1em] 0 \end{cases}$$

$$b_4(x_1,x_2,x_4) = \begin{cases} Fall\ I : 355° \leq x_1(t) < 355° + \varphi_{cl} \\[2em] \dfrac{x_2(t)}{c_V \cdot m_L} \cdot \left(1 - c_V \cdot x_4(t) \cdot \dfrac{1}{H_u} \right) \cdot \dfrac{a_V}{\varphi_{cl}} \cdot (m_V + 1) \cdot \left(\dfrac{x_1(t) - 355°(\dfrac{\pi}{180°})}{\varphi_{cl}} \right)^{m_V} \cdot e^{\left(-a_V \cdot \left(\dfrac{355°(\frac{\pi}{180°})}{\varphi_{cl}} \right)^{(m_V+1)} \right)} \\[2em] Fall\ II : 0° \leq x_1(t) < 355° \vee 355° + \varphi_{cl} < x_1(t) \leq 720° \\[1em] 0 \end{cases}$$

und

$$z_2(x_2) = -\dfrac{1}{J_{red}} \left(\dfrac{V_H \cdot \left(0,07 \cdot (\varepsilon - 4) + 0,4 \cdot \dfrac{60 \cdot x_2(t)}{2\pi \cdot 1000} + 0,4 \cdot \left(\dfrac{2 \cdot r \cdot x_2(t)}{\pi \cdot 10} \right)^2 \right)}{4 \cdot \pi} \right)$$

A.3 Parameteroptimierung mit PSO: UML-Sequenzdiagramm

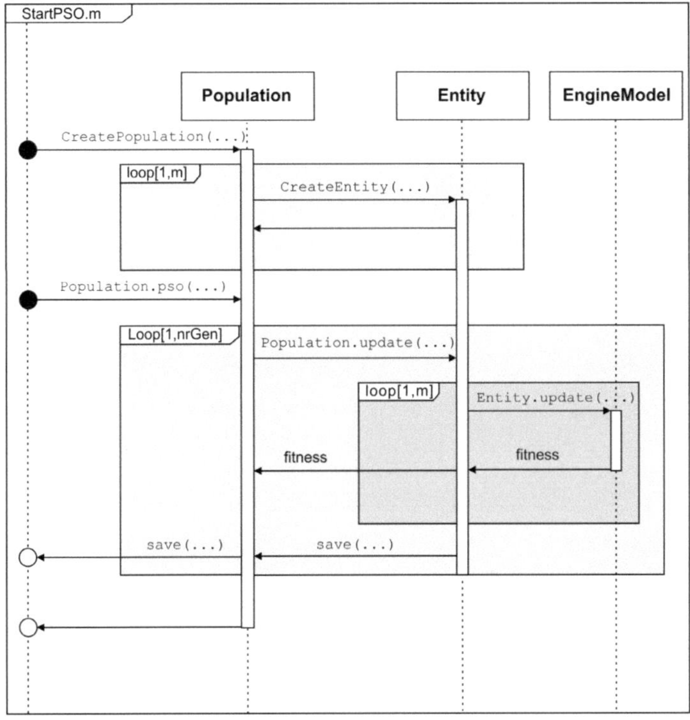

- m:= Anzahl der Entities einer Population
- nrGen:= Anzahl der Generationen (Iterationen)

A.4 Parameteroptimierung mit PSO: Exemplarischer Codeauszug

Contents

```
% Estimate parameters in engine-model by using optimization algorithm (PSO)
% --------------------------------------------------------------------------
% SYNTAX:    no function use, start by pressing run-button
%
% INPUTS:    - measurement data        (set path to according directories)
%            - engine model parameters (set path to according directories)
%
% OUTPUTS:   - result file             (auto-save)
%
% AUTHOR:    blie, mue, yu MOBIMA, Karlsruhe Institute of Technology (KIT)
% DATE:      2010-07
% VERSION:   2.0
% CHANGES:   - structural adaption
%
```

Load measurement

```
load 070227_011_mod_PSO.mat
```

Load default model params

```
load parDEUTZBF6M1013EC.mat
```

Initialize algorithm

```
% algorithm data
nrent      = 2;                                    % number of entities
bounds     = [9e-8,5e-7;9e-8,7e-7;1e-9,2e-8;0.8,1.2]; % bounds params
mutation   = 0.1;                                  % mutation ratio
inertia    = 0.3*ones(length(bounds(:,1)),1);      % inertia of params
maxspeed   = 0.3;                                  % speed limits
speed      = zeros(length(bounds(:,1)),1);         % start speed
func       = 'Func_Engine_PSO';                    % name obj. function
name       = '4Par_Pop';                           % name population
dir        = 'ResDir';                             % save directory
```

Create problem instance

```
pop=population(nrent,bounds,mutation,inertia,maxspeed,speed,func,name,dir);


Elapsed time is 53.493564 seconds.
entity updated:
Parameter: [ 1.8626e-007 3.0543e-007 1.6603e-008 0.80616]
Fitness:   2347578631.1444
--------------------------
Elapsed time is 54.820051 seconds.
entity updated:
Parameter: [ 1.0764e-007 1.9308e-007 1.3333e-008 1.0927]
Fitness:   3735028980.1675
--------------------------
population initialized successfully.
```

Excecute optimization

```
nrGen   =2;              % number generations
saveInt =1;              % save interval
```

```
pop.pso(nrGen,saveInt);    % Continue later runs:
                           % 1. Load one generation of one population to WS
                           % 2. Recall pop.pso


Elapsed time is 54.238353 seconds.
entity updated:
Parameter: [ 3.9532e-007 4.7163e-007 9.1551e-009 1.0034]
Fitness:    3144272752.0026
--------------------------
Elapsed time is 54.953324 seconds.
entity updated:
Parameter: [ 2.4523e-007 1.853e-007 2.4151e-009 1.1377]
Fitness:    3600142079.3089
--------------------------
*****************POPULATION*****************
No. Parameters: 4
No. Generation: 2
-- -- BEST ENTITY -- --
Parameter: [ 1.8626e-007 3.0543e-007 1.6603e-008 0.80616]
Fitness:    2347578631.1444
*****************END--END*****************
Generation 2 done.
Elapsed time is 53.745812 seconds.
entity updated:
Parameter: [ 2.6864e-007 6.4198e-007 8.7657e-009 0.8887]
Fitness:    1196365673.2784
--------------------------
Elapsed time is 53.653102 seconds.
entity updated:
Parameter: [ 2.9822e-007 6.566e-007 9.7181e-009 0.99556]
Fitness:    3033295154.0282
--------------------------
*****************POPULATION*****************
No. Parameters: 4
No. Generation: 3
-- -- BEST ENTITY -- --
Parameter: [ 1.8626e-007 3.0543e-007 1.6603e-008 0.80616]
Fitness:    2347578631.1444
*****************END--END*****************
Generation 3 done.
No. Parameters: 4
No. Generation: 3
-- -- BEST ENTITY -- --
Parameter: [ 2.6864e-007 6.4198e-007 8.7657e-009 0.8887]
Fitness:    1196365673.2784
Results saved to: ResDir\pso_20100726T2335014Par_Pop\
...
```

B Anhang – Gesamtmaschinenmanagement

B.1 Amortisationsdauerkriterium – Herleitung

$$W_{tr,ij} < \sum_{t=1}^{t_A} \underbrace{\Delta P_{in,t} \cdot \Delta t}_{\Delta W_t} \cdot \left(1 + \left(a - p(E_t)\right)\right)^{-t}$$

$$\Delta P_{in,t} = \Delta P_{in,t}(S_j^*) - \Delta P_{in,t}(S_i) =$$

$$= \left(\frac{\Delta P_{out,t}(S_j^*)}{\eta_t(S_j)}\right) - \left(\frac{\Delta P_{out,t}(S_i)}{\eta_t(S_i)}\right) =$$

$$= \Delta P_{out,t} \cdot \left[\left(\frac{1}{\eta_t(S_j^*)}\right) - \left(\frac{1}{\eta_t(S_i)}\right)\right] =$$

$$= \Delta P_{out,t} \cdot \left(\frac{\eta_t(S_i) - \eta_t(S_j^*)}{\eta_t(S_i) \cdot \eta_t(S_j^*)}\right) < 0, da \; \eta_t(S_j^*) > \eta_t(S_i)$$

C Literatur- und Quellenverzeichnis

[**Ach2008**] ACHTEN, P. et alias: Energy efficiency of the Hydrid, Proc. IFK2008, March 31 - April 2, 2008, Dresden, Germany.

[**Agc2009**] AGCO GMBH (HRSG.): Dieselmotoren Datenblätter, URL: www.agcosisupower.com, 2009-11-01.

[**Agc2010**] AGCO GMBH (HRSG.): Fendt Stability Control (FSC), URL: www.fendt.com, 2010-06-10.

[**Alf2007**] ALFIERI, E. et alias: Emissionsgeregelte Dieselmotoren, MTZ 11 (2007), 68, S. 982-989.

[**Ara2009**] ARAL AG (HRSG.): Dieselpreisentwicklung, URL: www.aral.de, 2009-07-30.

[**Bac2005**] BACK, M.: Prädiktive Antriebsregelung zum energieoptimalen Betrieb von Hybridfahrzeugen, Schriften des Instituts für Regelungs- und Steuerungssysteme, Universität Karlsruhe (TH), Band 02; Karlsruhe: Universitätsverlag Karlsruhe, 2005.

[**Bar2001**] BARUCKI, T.: Optimierung des Kraftstoffverbrauchs und der Dynamik eines dieselelektrischen Fahrantriebs für Traktoren, Dissertation, Technische Universität Dresden, 2001.

[**Ber2009**] BERNDT, R.: Einfluss eines diabaten Turboladermodells auf die Gesamtprozess-Simulation abgasturboaufgeladener PKW-Dieselmotoren, Dissertation, Technischen Universität Berlin, 2009.

[**Bli2008**] BLIESENER, M.; FLECZOREK, T.: Der Dieselmotor in der Antriebsstrangsimulation, O+P Zeitschrift für Fluidtechnik - Aktorik, Steuerelektronik und Sensorik 52 (2008) Nr. 11-12, S. 570-573.

[**Böh2001**] BÖHLER, H.: Traktormodell zur Simulation der dynamischen Belastungen bei Transportfahrten, Düsseldorf: VDI-Verlag, 2001.

[**Bol2004**] BOLLHÖFER, M.; MEHRMANN, V.: Numerische Mathematik : eine projektorientierte Einführung für Ingenieure, Mathematiker und Naturwissenschaftler, Wiesbaden: Vieweg, 2004.

[**Bor2009**] BORCHERS, U.; BÜCKLE, C.: Emissionen, Kraftstoffe, Kraftfahrt-Bundesamt (KBA): URL: www.kba.de, 2009-07-30.

[Bos1993]   ROBERT BOSCH GMBH (HRSG.): Diesel-Einspritztechnik. Düsseldorf: VDI-Verlag, 1993.

[Bos2003]   ROBERT BOSCH GMBH (HRSG.): Kraftfahrtechnisches Taschenbuch, Wiesbaden: Vieweg, 2003.

[Bos2007a]   BOSCH REXROTH AG (Hrsg.): Datenblatt Lenkaggregat LAG, Lohr: Rexroth AG, 2007.

[Bos2007b]   BOSCH REXROTH AG (Hrsg.): Datenblatt Axialkolben-Verstellmotor A6VM, Lohr: Rexroth AG, 2007.

[Bos2008]   BOSCH REXROTH AG (Hrsg.): Datenblatt Axialkolben-Verstellpumpe A4VSO, Lohr: Rexroth AG, 2008.

[Bos2009a]   ROBERT BOSCH AG (HRSG.): Steuergeräte Datenblätter, URL: www. www.bosch-motorsport.de, 2009-11-01.

[Bos2009b]   BOSCH REXROTH AG: Vorlesungsumdruck Mobile Arbeitsmaschinen, Karlsruhe: Lehrstuhl für Mobile Arbeitsmaschinen des KIT, 2009.

[Böt2005]   BÖTTINGER, S.; STOLL, A.: Informations- und Regelsysteme an Mähdreschern und Feldhäckslern, Landtechnik 60, Heft 2/2005, Seiten 86-87.

[Böt2008]   BÖTTINGER, S.: Vorlesungsumdruck: Grundlagen der Landtechnik, Hohenheim: Universität Hohenheim, Institut für Agrartechnik, 2008.

[Bou2009]   BOUABDALLAH,L.: Sicherstellung des deterministischen Verhaltens bei der Kopplung mehrerer Softwaretools innerhalb einer Gesamtfahrzeugsimulation, Dissertation, Technische Universität Braunschweig, 2009.

[Bre2008]   BREUER, S. (Hrsg.): Nutzfahrzeugtechnik; Grundlagen, System, Komponenten, Wiesbaden: Vieweg+Teuber, 2008.

[Buh2001]   BUHROW, J.: Was lange fährt, wird endlich gut - Eine Nutzungsdauerverlängerung von Fahrzeugen kann zu Kostensenkungen, geringerem Ressourcenverbrauch und steigender Nachfrage nach Facharbeit führen, MÜLLMAGAZIN 1/2001 S. 27-32.

[Car2008]   CARSTENSEN, P.: Investitionsrechnung kompakt. Eine anwendungsorientierte Einführung, Wiesbaden: Gabler, 2008.

[Cas2010]   CNH DEUTSCHLAND GMBH (HRSG.): Traktor-ABS, URL: www.caseih-steyr.de, 2010-06-10.

[Cha2007]   CHAN, F.; TIWARI, M.: Swarm Intelligence - Focus on Ant and Particle Swarm Optimization, Croatia: I – Tech Education and Publishing, 2007.

[Cla2010]   CLAAS KGAA MBH: Cruise Pilot, URL: http://www.claas.com, 2010-04-25.

[Com2005]   COMBE, T. et alias: Modellabbildung des Antriebsstrangs Echtzeitsimulation der Fahrzeuglängsdynamik, MTZ, 2005.

[Dei2009]   DEITERS, H.: Standardisierung von Lastzyklen zur Beurteilung der Effizienz mobiler Arbeitsmaschinen, Aachen: Shaker, 2009.

[DeS1999]   DE SOUZA, E.G.: Optimum working curve for diesel engines. Trans. ASAE 32 (1999) H. 3, S. 559-563.

[Deu2009]   DEUTZ AG (HRSG).: Dieselmotoren Datenblätter, URL: www.deutz.com, 2009-11-01.

[Dub2005]   DUBBEL, H.: Taschenbuch für den Maschinenbau, Berlin ; Heidelberg u.a.: Springer, 2005.

[Eif2009]   EIFLER, W. et alias: Küttner Kolbenmaschinen, Wiesbaden: Vieweg+Teubner Verlag / GWV Fachverlage GmbH, 2009.

[Eig2000]   EIGLMEIER, C.: Phänomenologische Modellbildung des gasseitigen Wandwärmeüberganges in Dieselmotoren, Dissertation, Universität Hannover, 2000.

[For2007]   FORCHE, J.: Antriebsstrangmanagement eines Hydaulikbaggers, Shaker, 2007.

[Gei2009]   GEIMER, M.: Vorlesungsumdruck Antriebsstrang, Karlsruhe: Lehrstuhl für mobile Arbeitsmaschinen des KIT, 2010.

[Ger1999]   GERSTLE, M.: Simulation des instationären Betriebsverhaltens hochaufgeladener Vier- und Zweitakt-Dieselmotoren, Dissertation, Universität Hannover, 1999.

[Göh1997]   GÖHRING, M.: Betriebsstrategien für serielle Hybridantriebe, Dissertation, Institut für Kraftfahrwesen, Technische Hochschule Aachen, 1997.

[Gol2005]   GOLLOCH, R.: Downsizing bei Verbrennungsmotoren: Ein wirkungsvolles Konzept zur Kraftstoffverbrauchssenkung, Berlin: Springer, 2005.

[Göt2008]   GÖTZE, U.: Investitionsrechnung. Modelle und Analysen zur Beurteilung von Investitionsvorhaben, Berlin u.a.: Springer, 2008.

[Gru2009] GRUNDHERR, J.: Möglichkeiten und Grenzen einer Oniline-Optimierung zur Steuerung eines hybriden Antriebsstranges, VDI-Bericht 2009.

[Hei2006] HEINZMANN GMBH & CO. KG (HRSG.): Digitale elektronische Drehzahlregler: Digitale Basissysteme für Fahrzeuganwendungen – ARES, Schönau: Heinzmann, 2006.

[Hei2009] HEINZMANN GMBH & CO. KG (HRSG.): Steuergeräte Datenblätter, URL: www.heintmann.de, 2009-11-01.

[Her2005] HERING, E.: Taschenbuch der Mechatronik, München: Fachbuchverlag Leipzig im Hanser Verlag, 2005.

[Hoe2000] HOECKER, P. et alias: Moderne Aufladekonzepte für PKW-Dieselmotoren, BorgWarner Turbo Systems, 2000.

[Hoe2001] HOECKER, P.; JAISLE, J.-W.; MÜNZ, S.: Der eBooster™ von BorgWarner Turbo Systems Schlüsselkomponente eines neuen Aufladesystems für PKW, BorgWarner Turbo Systems, 2001.

[Hof2007] HOFMAN, T., STEINBUCH, M.: Rule-based energy management strategies for hybrid vehicles, Int. J. Electric and Hybrid Vehicles, Vol. 1, No. 1, 2007, pp. 71-94.

[Hub2010] HUBER, A.: Ermittlung von prozessabhängigen Lastkollektiven eines hydrostatischen Fahrantriebsstrangs am Beispiel eines Teleskopladers, Dissertation, Technische Hochschule Karlsruhe, Karlsruhe: KIT Scientific Publishing, 2010.

[Ind2008] INDERSCIENCE ENTERPRISES LIMITED (HRSG): International Journal of Intelligent Systems Technologies and Applications, Inderscience Publishers, 2008.

[Iva1993] IVANTYSYN, J.; IVANTYSYNOVA, M.: Hydrostatische Pumpen und Motoren Konstruktion und Berechnung, Würzburg: Vogel, 1993.

[Jäh2008] JÄHNE, H. et alias: Drive Line Simulation for increased Energy-Efficiency of Off-Highway Machines, Internationales Fluidtechnisches Kolloquium, IFK, 2008, Dresden, pp. 49-64.

[Joh2008] JOHN DEERE AG (HRSG.): Vorgewendemanagement, URL: http://www.deere.com, 2008-02-12.

[Käm2003] KÄMMER, A.: Erstellung von Echtzeitmotormodellen aus den Konstruktionsdaten von Verbrennungsmotoren, Dissertation, Technische Universität Dresden, 2003.

[KBA2009]   KRAFTFAHRT-BUNDESAMT (HRSG.): Der Fahrzeugbestand im Überblick am 1. Januar 2009 gegenüber 1. Januar 2008, URL: www.kba.de, 2009-07-30.

[Kil1999]   KILLMAN, G. et alias: Toyota Prius-Development and Market experiences Hybridantriebe, VDI, 1999, 1459, pp. 108-211.

[Kli2007]   KLIFFKEN, M.: Hydrostatisch regenaratives Bremsen (HRB), Hybridantriebe für mobile Arbeitsmaschinen, WVMA, 2007, 141-153.

[Koh2008]   KOHMÄSCHER, T.: Modellbildung, Analyse und Auslegung hydrostatischer Antriebsstrangkonzepte TU Aachen,Aachen: Shaker Verlag, 2008.

[KOM2007]   KOMMISSION DER EUROPÄISCHEN GEMEINSCHAFTEN (HRSG.): Verordnung des Europäischen Parlaments und des Rates zur Festsetzung von Emissionsnormen für neue Personenkraftwagen im Rahmen des Gesamtkonzepts der Gemeinschaft zur Verringerung der CO2-Emissionen von Personenkraftwagen und leichten Nutzfahrzeugen, Brüssel:, 2007.

[Krü2006]   KRÜGER, T.: Beitrag zum systematischen Steuerungsentwurf von Mehrmotorenantriebssystemen am Beispiel eines Laborversuchsstandes mit fahrzeugspezifischen Eigenschaften, Dissertation, Technische Universität Cottbus, 2006.

[Kug2009]   KUGI, A.: Vorlesungsskript REGELUNGSSYSTEME, Institut für Automatisierungs- und Regelungstechnik, Technische Universität Wien, 2009.

[Kur2006]   KUREK, R.: Nutzfahrzeug-Dieselmotoren : Stand der Technik, Entwicklungs- und Innovationspotenziale, Optimierungspotenziale; München: Hanser, 2006.

[Lac2004]   LACKNER, J.: Dieselmotor-Management, Robert Bosch GmbH: Unternehmensbereich Automotive Aftermarket, Abteilung Produktmarketing Diagnostics & Test Equipment, Wiesbaden: Vieweg, 2004.

[Lam2006]   LAMPEL, H.: Was sagen die Leistungsdaten eines Traktormotors aus?, Bundesanstalt für Landwirtschaft, URL: http://www.blt.bmlf.gv.at, 2007-11-21.

[Lan2002]   LANGE, T.: Vorlesungsbeitrag: Regelung eines TDI-Motors am Beispiel des Leerlaufreglers, Institut für Verkehrssicherheit und Automatisierungstechnik der TU Braunschweig, 2002.

[Lan2005]   LANDIS, M.: Leistungsangaben bei Traktoren, 2005, URL: http://www.fat.admin.ch/d/veran/praes/2005/lam3id.pdf , 2008-01-15.

[**Li2007**]   LI, P.: Prozessoptimierung unter Unsicherheiten, München: Oldenbourg, 2007.

[**Lie2009**]   LIEBHERRWERK BISCHOFFSHOFEN GMBH: Service Handbuch Radlader L550-L580 2plus2, Bischoffshofen: Liebherr, 2009.

[**Lin2001**]   LIN, C.-C. et alias: Energy Management Strategy for a Parallel Hybrid Electric Truck, Proceedings of the American Control Conference Arlington, VA June 25-27, 2001.

[**Lip2005**]   LIPS, M.; GAZZARIN, C.: Wie steht es um die Auslastung?, UFA-Revue 3/05, S. 16-17.

[**Lip2006**]   LIPPE, W-M.: Soft Computing, Heidelberg: Springer-Verlag, 2006.

[**Lun2008**]   LUNZE, J.: Regelungstechnik 1: Systemtheoretische Grundlagen, Analyse und Entwurf einschleifiger Regelungen; Berlin, Heidelberg: Springer, 2008.

[**Lut2007**]   LUTZ, H.; WENDT, W.: Taschenbuch der Regelungstechnik mit MATLAB und SIMULINK, Frankfurt: Verlag Harri Deutsch, 2007.

[**Man2009**]   MAN NUTZFAHRZEUGE AG (HRSG.): Dieselmotoren Datenblätter, URL: www.man-engines.com, 2009-11-01.

[**Mat2006**]   MATTHIES, J.; RENIUS, K. T.: Einführung in die Ölhydraulik, Wiesbaden: Teubner-Verlag, 2006.

[**Mat2009**]   THE MATHWORKS: Simulating dynamic systems: how Simulink works – Zero-Crossing Detection, R2009b Documentation, 2009.

[**Mat2009a**]   THE MATHWORKS: Simulating dynamic systems: Algebraic Loops, R2009b Documentation, 2009.

[**Mat2009b**]   THE MATHWORKS: User manual, R2009b Documentation, 2009.

[**Mer2006**]   MERKER, G.; SCHWARZ, C.; STIETSCH, G.: Verbrennungsmotoren. Simulation der Verbrennung und Schadstoffbildung. Wiesbaden: Teubner Verlag, 2006.

[**Mey2004**]   MEYER, H.: Trockenlaufende Bremssysteme in Traktoren und mobilen Arbeitsmaschinen, Landtechnik 2/2004, 2004.

[**Mic2004**]   MICHALEWICZ, Z.; FOGEL, D. B.: How to solve it: modern heuristics, Berlin; Heidelberg u.a.: Springer Verlag, 2004.

[**Mol2007**]   MOLLENHAUER, K.; TSCHÖKE, H.: Handbuch Dieselmotoren, Berlin u.a.: Springer, 2007.

[**Mos2010**]   MOSTAGHIM, S.; SHUKLA, P.: Nature-Inspired Optimization Methods, URL: http://digbib.ubka.uni-karlsruhe.de/diva/2009-367, Karlsruhe: Institut für Angewandte Informatik und Formale Beschreibungsverfahren (AIFB), 2010.

[**Mue2002**]   MÜNZ, S. et alias: Der eBooster™ – Konzeption und Leistungsvermögen eines fortgeschrittenen elektrischen Aufladesystems, BorgWarner Turbo Systems, 2002.

[**Mül1996**]   MÜLLER, M.: Abbildung von Verbrennungsmotoren und stufenlosen Getrieben für die Drehschwingungssimulation, Mainz: Wissenschaftsverlag, 1996.

[**Mur2008**]   MURRENHOFF, H.; GIES, S.: Vorlesungsumdruck Fluidtechnik für mobile Anwendungen, Aachen: Institut für Fluidtechnische Antriebe und Steuerungen der RWTH Aachen, 2008.

[**Neu1993**]   NEUMANN, K.; MORLOCK, M.: Operations Research, München: Carl Hanser Verlag, 1993.

[**Pet2001**]   PETRASCH, R.: Einführung in das Software-Qualitätsmanagement, Berlin: Logos Verlag, 2001.

[**Pfa2003**]   PFAB, H.; SCHRÖDER, K.: Hydrostatisches Antriebs- und Steuerungssysteme für Radlader, VDI-Tagung „Antriebssysteme für Off-Road Einsätze", Garching, 18.-19. September, 2003, VDI-Bericht 1793, Düsseldorf: VDI-Verlag, 2003.

[**Phi2004**]   PHILIPP, O.: Echtzeitfähige Simulation von Common-Rail-Turbodieselmotoren, MTZ, 2004.

[**Pis2002**]   PISCHINGER, R.; KLELL, M.; SAMS, T.: Thermodynamik der Verbrennungskraftmaschine, Wien: Springer, 2002.

[**Pis2007**]   PISCHINGER, S., SEIBEN, J.: Optimierte Auslegung von Ottomotoren in Hybrid-Antriebssträngen, MTZ 07-08/2007, Jahrgang 68, S. 614-620.

[**Pis2010**]   PISCHINGER, S. ET AL.: Smart Hybridization for Reduced Fuel Consumption and Improved Emissions, CVT 2010, Kaiserslautern, 16. – 18. März 2010, S. 130-139

[**Rau2004**]   RAUSCHER, C.; MOHN, R.: Bestand und Auslastung von Traktoren in Baden-Württemberg, landinfo 1/2004, S. 31-33.

[Reh2007]   REH, W.; CHEN, F.: Deutsche Autohersteller und die Reduzierung von CO_2 bei Neuwagen, EU-Klimafahrtenbuch 2012 für PKW, Bund für Umwelt und Naturschutz Deutschland e.V. (BUND), 2007.

[Rei2003]   REITER, H.: Innovative Technologie am Traktor durch Elektronikanwendung, Landtechnik 58, Heft 3/2003, S. 162-165.

[Rei2010]   REICH, T.: Optimierungspotenzial und Vergleichszyklus für den Kraftstoffverbrauch von Forstspezialschleppern, Diplomarbeit, Karlsruhe: Lehrstuhl für Mobile Arbeitsmaschinen des KIT, 2010.

[Ren2004]   RENIUS, K.-TH.: Hydrostatische Fahrantriebe für mobile Arbeitsmaschinen. Überblick zum Stand der Technik, WISSENSPORTAL baumaschine.de 1/2004.

[Ren2009]   RENIUS, K.-TH., DREHER, T.: Traktor-Dieselmotoren: Die weltweite Vielfalt und deren Strukturierung in fünf Technologiestufen, Mobile Maschinen 2 (2009) Nr. 4, S. 30-33.

[Ric2006]   RICHERT, F.: Objektorientierte Modellbildung und Nichtlineare Prädiktive Regelung von Dieselmotoren, Dissertation, Technische Universität Aachen, 2006.

[Rin2002]   RINALDI, M.; STADLER, E.: Trends im Abgasverhalten Landwirtschaftlicher, Traktoren, FAT Berichte, 2002.

[Rin2002a]   RINALDI, M.: Abgas-Charakteristik von Traktoren, FAT Informationstagung Landtechnik, 2002.

[Rio2008]   RIOLO, R.; SOULE, T.; WORZEL, B.: Genetic Programming Theory and Practice V, Boston, MA : Springer Science+Business Media, LLC, 2008.

[Sal2005]   SALTELLI, A.: Sensitivity analysis in practice: a guide to assessing scientific models, Weinheim u.a.: Wiley, 2005.

[Sch1999]   SCHERNEWSKI, R.: Modellbasierte Regelung ausgewählter Antriebssystemkomponenten im Kraftfahrzeug, Dissertation, Technische Universität Karlsruhe, 1999.

[Sch2000]   SCHMITT, A.; MÜLLER, D.; WOHL, G.: Simulationsmodell eines elektronisch geregelten 6-Zyl.-Dieselmotors, In: Simulation im Maschinenbau. Softwaretools und Anwendungen in Lehre, Forschung und Praxis. Band 1: Dresdner Tagung, SIM 2000, 24. und 25. Februar 2000, Dresden.

[**Sch2006**]   SCHREIBER, M.: Kraftstoffverbrauch beim Einsatz von Ackerschleppern im besonderen Hinblick auf CO2-Emissionen, Aachen: Shaker Verlag, 2006.

[**Sch2007a**]   SCHMIDT, T.: Untersuchung und Modellierung eines Dieselmotors zur Bestimmung von Verbrennungsmerkmalen aus der Motordrehzahl, Dissertation, Technische Universität Karlsruhe, 2007.

[**Sch2007b**]   SCHUMACHER, A.; HARMS, H.: Potenziale von Traktormanagementsystemen mit leistungsverzweigtem Getriebe, Tagungsband Informationstagung des VDMA und der Universität Karlsruhe(TH), WVMA e.V.: Karlsruhe, 2007.

[**Sch2008**]   SCHNEIDER, R.; EBNER, P.: The Turbohybrid – The Realization, First Results 20th International AVL Conference "Engine & Environment", September 11th - 12th, 2008, Graz, Austria, 2008.

[**Sieb2008**]   SIEBERT, J.: Ein neues Hybridkonzept für Elektro-Flurförderzeuge. Power World 3 (2008), S. 48-49.

[**Sin2000**]   SINSEL, S.: Echtzeitsimulation von Nutzfahrzeug-Dieselmotoren mit Turbolader zur Entwicklung von Motormanagementsystemen, Berlin: Logos Verlag, 2000.

[**Spi2007**]   SPICHER, U.: Vorlesungsumdruck Verbrennungsmotoren A und B, Karlsruhe: Institut für Kolbenmaschinen der Universität Karlsruhe, 2007.

[**Ste2009**]   STEINDORFF, K. ; LANG, T.; HARMS, H.: Betriebsstrategien zur Energierückgewinnung an einem hydraulischen Antrieb, Tagung Hybridantriebe 2009, 2009.

[**Tar1994**]   TARASINSKI, N.: Elektronisch geregelte Dieseleinspritzung für Traktoren, Düsseldorf: VDI-Verlag, 1994.

[**Tra2007**]   TRAUTVETTER, J.: Theoretische und experimentelle Analyse des Torsionsschwingungssystems: Dieselmotor auf einem Motorenprüfstand, Diplomarbeit, Universität Zwickau, 2007.

[**Unr2008**]   UNRUH, R.: Doppelherz, lastauto omnibus, 2008, 1/2008 (85), S. 32-33.

[**Url1995**]   URLAUB, A.: Verbrennungsmotoren: Grundlagen, Verfahrenstheorie, Konstruktion; Berlin: Springer, 1995.

[**Vae2009**]   VAEL, G.; ACHTEN, P.: Hydrid-Antriebe für Gabelstapler, Tagung Hybridantriebe 2009, 2009.

[Val2005] VALTRA INC. (HRSG): Werkstatthandbuch Traktoren Gruppen 10-100, Valtra, 2005.

[Vib1970] VIBE, I.: Brennverlauf und Kreisprozess von Verbrennungsmotoren, Berlin: Verlag Technik, 1970.

[Wal2006] WALLENTOWITZ, H.: Handbuch Kraftfahrzeugelektronik: Grundlagen, Komponenten, Systeme, Anwendungen, Wiesbaden: Vieweg, 2006.

[Wen2006] WENZEL, S.: Modellierung der Ruß- und NOx-Emissionen des Dieselmotors, Dissertation, Universität Magdeburg, 2006.

[Wil2008] WILHELM, C.: Echtzeitfähige Verlustprozessmodellierung: Ein Beitrag zur Simulation von Ladungswechsel und mechanischen Verlustkomponenten in Verbrennungsmotoren, Dissertation, Universität Kassel, 2008.

[Win2003] WINSEL, T. et alias: Echtzeitfähiges neuronales Motormodell zur Unterstützung der Kaltstart-Applikation (Neural Real Time Model for Application of SI Engine Cold Start), In: Tagung: Simulation und Test in der Funktions- und Softwareentwicklung für die Automobiltechnik, Haus der Technik, 2003.

[Wir1998a] WIRTH, R.: Maschinendiagnose an Industriegetrieben. Teil I: Grundlagen der Analyseverfahren. Antriebstechnik 37(1998), Nr. 10, S.75-80.

[Wir1998b] WIRTH, R.: Maschinendiagnose an Industriegetrieben. Teil II: Signalidentifikation in der Praxis. Antriebstechnik 37(1998), Nr. 11, S.77-81.

[Wos1990] WOSCHNI, G.; BERGBAUER, F.: Verbesserung von Kraftstoffverbrauch und Betriebsverhalten von Verbrennungsmotoren durch Turbocompounding. MTZ 51 (1990) 3, S. 108-116.

[Wu2004] WU, B. et alias: Optimal Power Management for a Hydraulic Hybrid Delivery Truck, Vehicle System Dynamics 2004, Vol. 42, Nos. 1-2, pp. 23-40.

[Yan1995] YANAKIEV, D; KANELLAKOPOULOS, I.: Engine and Transmission Modeling for Heavy-Duty Vehicles, UCLA Electrical Engineering, 1995.

[Zin1985] ZINNER, K.: Aufladung von Verbrennungsmotoren, Berlin u.a.: Springer Verlag, 1985.

Karlsruher Schriftenreihe Fahrzeugsystemtechnik
(ISSN 1869-6058)

Herausgeber: FAST Institut für Fahrzeugsystemtechnik

Die Bände sind unter www.ksp.kit.edu als PDF frei verfügbar oder
als Druckausgabe bestellbar.

Band 1 Urs Wiesel
Hybrides Lenksystem zur Kraftstoffeinsprung im schweren Nutzfahrzeug.
2010
ISBN 978-3-86644-456-0

Band 2 Andreas Huber
**Ermittlung von prozessabhängigen Lastkollektiven eines hydro-
statischen Fahrantriebsstrangs am Beispiel eines Teleskopladers.**
2010
ISBN 978-3-86644-564-2

Band 3 Maurice Bliesener
**Optimierung der Betriebsführung mobiler Arbeitsmaschinen.
Ansatz für ein Gesamtmaschinenmanagement.**
2010
978-3-86644-536-9